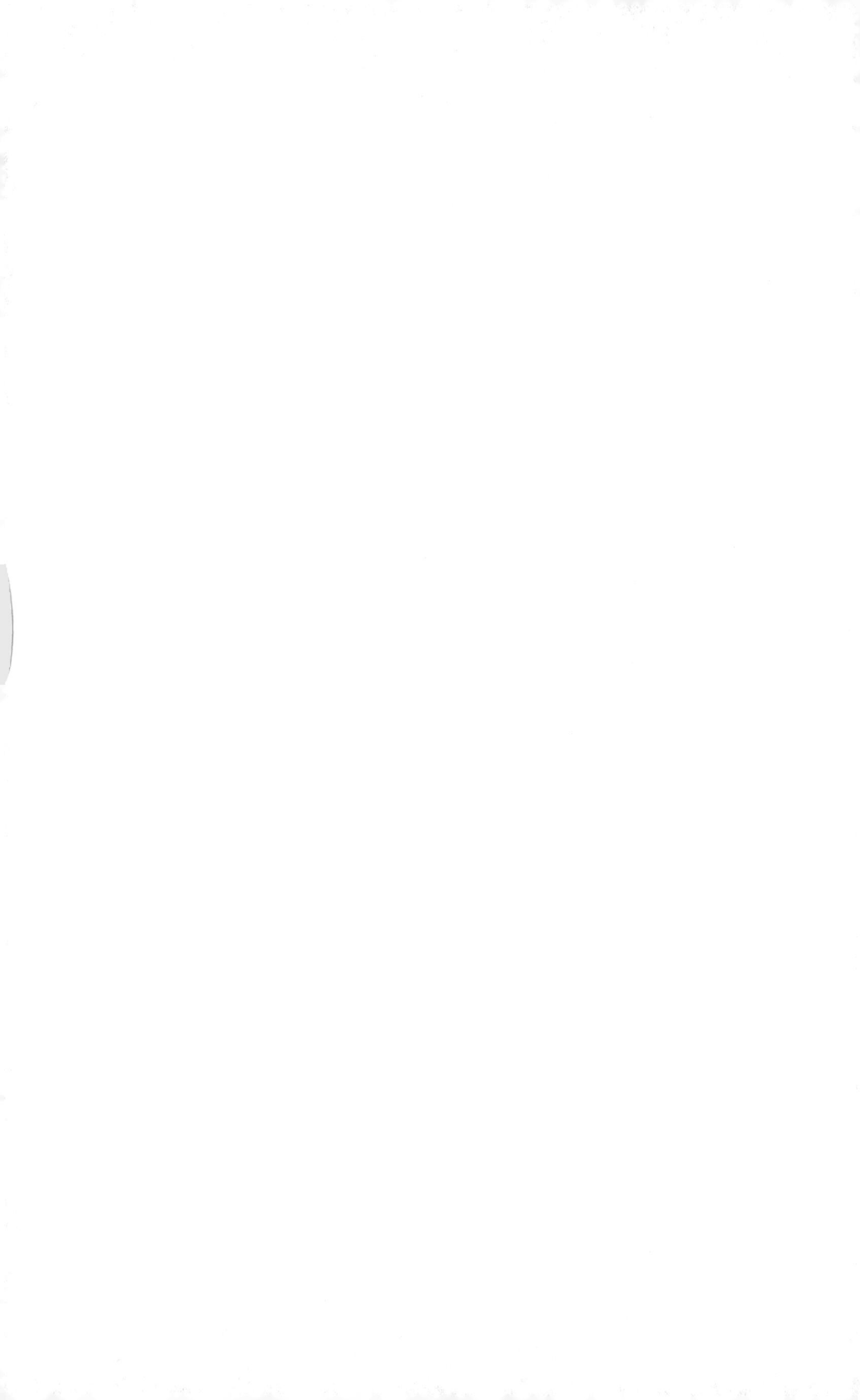

MANUEL

ÉLÉMENTAIRE D'AGRICULTURE,

APPROPRIÉ

A L'ÉCONOMIE RURALE DU NORD DE LA FRANCE,

PAR M. THIBAULT,

Membre de l'Académie d'Arras.

ARRAS,

IMPRIMERIE DE JEAN DEGEORGE, RUE DU BLOC, N° 88.

1836.

MANUEL

ÉLÉMENTAIRE D'AGRICULTURE,

APPROPRIÉ

A L'ÉCONOMIE RURALE DU NORD DE LA FRANCE.

* * *

L'agriculture est sans contredit, l'un des arts les plus utiles à l'homme; et pourtant c'est celui pour lequel il existe peut être le moins d'écrits propres à en retracer les principes et les préceptes élémentaires à la jeunesse des campagnes. Ne soyons donc pas surpris de la puissance de la routine sur leurs esprits, puisqu'elle est leur seule règle. On ne saurait trop redoubler d'efforts pour extirper ce qu'elle peut avoir de contraire à l'amélioration des pratiques rurales ; mais ce n'est que par l'instruction qu'on peut espérer de pouvoir parvenir à la combattre avec succès. Eclairer les jeunes adeptes en agriculture, leur donner d'utiles conseils, mettre à leur portée et offrir à leur méditation, les principes et les préceptes élémentaires établis et avoués par les auteurs les plus estimés en économie rurale. Tel est l'objet et le but de cet ouvrage.

CHAPITRE Ier.

DE LA CULTURE DES TERRES.

§ 1er.

De la connaissance, du choix, et de l'examen des Terrains.

Le premier soin auquel doit se livrer un cultivateur, c'est de s'étudier à bien connaître la nature du terrain qu'il se propose de cultiver, de bien se pénétrer de ses différentes qualités, et de ce qu'il peut produire avec le plus de facilité et d'abondance, afin de ne lui imposer que des plantes les plus appropriées à sa nature, et par conséquent les plus susceptibles de bien y fructifier.

Les terres propres à la culture sont en général de

trois espèces : 1° Les terres argileuses, 2° les terres sablonneuses, 3° les terres marneuses ou crayeuses.

Ondonne encore différentes dénominations aux terres d'après leur qualité ; ainsi , on appelle terres fortes, celles où l'argile domine et terres légères, celles qui, étant principalement composées de sable et de gravier, sont les plus susceptibles de se laisser diviser et ameublir par le travail de la charrue, et de donner un accès facile à l'infiltration des eaux pluviales. Ces connaissances sont nécessaires et utiles au cultivateur, mais il lui est fort facile de les acquérir. Il lui suffit pour cela, de voir, d'examiner et de toucher le terrain.

On parvient à modifier et à améliorer favorablement une terre de qualité médiocre, par le mélange et la combinaison qu'on en fait avec une autre terre dans de justes et sages proportions ; ainsi, on donnera plus de fertilité à un sol argileux et compacte , en y déposant des terres sablonneuses, qui, étant naturellement sèches et friables, auront la propriété de tempérer et de corriger l'état d'humidité natu-

relle de la substance argileuse. De même, cette
dernière substance répandue avec discernement sur
un terrain sablonneux, contribuera à lui donner et
à lui conserver un état de moiteur et d'humidité,
qui lui est nécessaire pour faciliter le travail de la
végétation.

La terre a besoin d'être retournée et délitée par
l'effet des labours et autres pratiques aratoires, parce
que de cette manière la couche végétale, c'est-à-dire,
la partie de la terre qui est seule propre aux plantes
étant exposée à l'action de la chaleur, de l'air et de
la lumière peut se pénétrer plus facilement des principes végétatifs que l'atmosphère lui fournit pour
servir à la nourriture et à l'accroissement des végétaux. Les météores ont en effet la vertu de diviser,
d'ameublir et de dilater la terre, mais ce n'est que
lorsqu'elle est remuée par le travail de la charrue
qu'ils peuvent exercer sur elle leur action fertilisante.
On peut donc considérer les labours comme un des
principaux amendements, qui, selon l'expression
des cultivateurs, ont la propriété de mûrir la terre.

§ 2.

Des labours et autres travaux aratoires.

Le labourage est une des opérations les plus importantes de l'agriculture. Son action exerce la plus grande influence sur la beauté des productions. On ne saurait y donner trop de soins ni d'attention.

L'objet de cette opération est de diviser, d'ameublir et de pulvériser la terre, de la renouveler en ramenant à sa surface la couche végétale propre à la production. Enfin de favoriser l'infiltration des principes de fertilité, que l'air, le soleil, la rosée, la pluie et les brouillards ne cessent d'y déposer comme des agents vivifiants nécessaires à la fécondation et au développement des végétaux.

Il existe en matière de labourage plusieurs pratiques vicieuses qu'il n'est pas inutile de signaler pour d'autant mieux mettre à même de pouvoir les éviter.

Les labours ne doivent point en général être trop multipliés ; ce serait surtout une erreur de les prodiguer sur les terres légères. Ces sortes de terrains en exigent ordinairement fort peu et ceux qui leur conviennent plus particulièrement sont des labours superficiels et peu profonds. Il ne faut pas oublier que dans les terres de cette espèce la couche végétale est souvent peu épaisse; on conçoit dès lors que, si les labours étaient trop profonds, il en résulterait que la charrue ne ramènerait point à la surface du sol la terre féconde et fertilisante, mais une terre, qui, n'étant point propre à la végétation, exposerait le champ à tomber dans un état d'infertilité momentanée. Cet inconvénient n'est point à craindre dans les terres fortes et argileuses où la croûte végétale est épaisse et peut supporter des labours d'autant plus profonds, qu'ils servent à faire pour ainsi-dire, surnager la bonne terre, celle qui est empreinte des sucs et des principes végétatifs qu'y ont déposé les fumiers.

Il n'y a pas, à dire vrai, de saison fixe pour effectuer les labours ; on en voit quelque fois pratiquer vers la fin de l'été, mais le plus souvent c'est en automne et au printemps. Les plus efficaces et les plus

utiles sont sans contredit ceux qui sont faits immédiatement après l'enlèvement de la récolte, lorsque
la terre fraîche encore est susceptible de bien s'a-
meublir et de mieux se diviser.

Le temps n'est pas non plus sans influence sur
l'efficacité des labours, il faut profiter d'un moment
de pluie pour travailler une terre sèche et sablon-
neuse afin de la pénétrer des principes d'humidité
dont elle a besoin. Par une raison contraire, une
terre imprégnée d'eau ne devrait, autant que possible, être manutentionnée que par un temps sec et
beau ; aussi est-il passé en proverbe que labour fait
à temps vaut un bon amendement.

Il est reconnu que les labours qui sont pratiqués
avant l'hiver ont plus de succès que ceux qui ne sont
faits qu'au printemps, par la vertu qu'ils ont de
rendre la terre plus meuble et plus friable et de l'a-
méliorer d'une manière sensible en la disposant à
pouvoir se pénétrer plus facilement des principes
fertilisants que lui procurent les pluies, le soleil, les
brouillards, la neige, et les gelées.

Il est à remarquer aussi , notamment en ce qui concerne les terres fortes qui sont destinées à être ensemencées en mars, que les labours qu'elles reçoivent dans l'arrière-saison en facilitent singulièrement la culture au printemps et les rendent beaucoup plus meubles et plus friables en ne leur laissant d'humidité que ce dont elles peuvent avoir besoin.

Quant au nombre des labours et hersages à effectuer on ne peut indiquer de règle fixe à cet égard — c'est à l'intelligence du cultivateur à y suppléer, parce que cela varie selon l'état du terrain, du temps, de la saison et encore d'après la nature de la plante ; en effet, on sait que tel labour qui suffira à tel terrain , ne suffira pas à tel autre , enfin que par sa nature une terre pourra être convenablement défoncée avec un seul labour, tandis qu'une autre ne pourra quelque fois pas l'être assez au moyen de plusieurs. Il est donc impossible de donner des règles fixes sur des choses qui sortent du domaine des prévisions humaines ; tout ce que l'on peut faire c'est de recommander la pratique de ce précepte de sagesse et de prudence qui indique au cultivateur la nécessité de donner tous les labours nécessaires pour parvenir à rendre sa terre nette , bien légère, bien unie, bien friable et bien divisée.

§ 3.

Des principaux instruments propres à la culture
des terres.

Les instruments destinés et employés à la culture proprement dite, sont de plusieurs sortes. Les uns sont susceptibles de ne pouvoir être utilisés qu'à la main pour la petite culture , tels sont la houe, la bêche , la houette et le sarcloir; les autres ne peuvent fonctionner qu'avec le secours et à l'aide des chevaux , tels sont principalement la charrue, vulgairement dite harelle, le binot, la herse, le rouloir et le semoir. Tous ces instruments sont en général assez connus à la campagne pour que nous puissions nous dispenser d'en donner la description.

Lorsque le travail du labourage est terminé, on se sert pour donner la dernière préparation à la terre, de la herse et du rouloir, qui sont employés pour briser les mottes, niveler la surface du terrain et y maintenir mieux la semence, par la pression que la terre en reçoit.

CHAPITRE II.

DES AMENDEMENTS ET ENGRAIS.

§ 1er.

Aperçu sur l'utilité des engrais en général.

Amender et engraisser un terrain, c'est y répandre des substances et des matières qui contiennent des sels, des sucs et des principes nourriciers dont les vertus fertilisantes contribuent à développer et à accélérer la végétation des plantes. Les cultivateurs ne doivent donc jamais négliger de pourvoir leurs terres d'engrais analogues aux productions qu'ils se proposent d'y recueillir. C'est en général la principale base de toute bonne culture.

Ce n'est point seulement sur les plantes que les engrais agissent. Leur action s'exerce aussi sur la terre par la vertu qu'ils ont d'en dissoudre les parties graisseusss et onctueuses et de les rendre solubles, c'est-à-dire , susceptibles de pouvoir s'unir et se mêler avec l'eau. Ainsi, par la puissance des principes que contiennent les engrais , une terre argilleuse et compacte , parviendra à se diviser et à s'ameublir , c'est-à-dire qu'elle se pulvérisera et ne restera pas en masse. Les engrais redonnent aussi à la terre plus de ton et d'énergie ; ils la soutiennent , l'améliorent et la rétablissent quand elle est appauvrie ; enfin , ils ont la vertu de procurer aux terrains arides un état de moiteur et d'humidité nécessaire et indispensable au succès de toute végétation.

Pour tirer un parti avantageux des engrais, il faut savoir les employer à propos et en temps convenable. C'est un soin qui est important. Tel engrais qui est répandu et dissiminé sur la terre à une époque où l'état pluvieux et humide de l'atmosphère lui donnerait une puissante énergie, perdra la plus grande partie de sa force et de ses effets, par un temps sec et serein ou par son exposition à un soleil ardent qui le desséchera.

Les engrais consistant en fumier, compots, urate
ou en toutes autres matières végétatives quelcon-
ques, ne sont pas les seuls agents de fertilisation,
puisque les faits et l'expérience démontrent que les
travaux du labourage et du hersage sont aussi à considérer comme de véritables amendements. Les labours et les engrais sont donc, en agriculture, les
deux plus précieuses ressources dont le cultivateur
puisse faire usage pour améliorer ses champs, mais
il convient qu'il sache appliquer ses engrais convenablement selon l'état, le besoin, la situation et les
diverses qualités de son terrain; or, comme il n'y a
que lui qui puisse bien le connaître et dès lors bien
apprécier ce qui peut le mieux lui convenir, on ne
peut lui tracer des règles précises et invariables à
cet égard. Tout ce que l'on peut faire, c'est de lui
apprendre qu'il est de principe en agriculture, de
considérer les engrais de bestiaux comme convenables à toutes sortes de terrains, excepté les terres
pures sablonneuses et essentiellement arides, où ce
serait infructueusement et en pure perte qu'on les

emploierait. La raison en est que : les sables ne sont que des molécules ou des parcelles très minimes des -pierres et que chaque grain formant lui-même, pour ainsi dire, une petite pierre, il est bien évident que quoi que l'on fasse, il n'en pourra jamais sortir aucune substance fécondante qui puisse être propre et favorable à la végétation.

Il est des cultivateurs qui sont dans l'usage d'enterrer profondément, le fumier avec la charrue, d'autres au contraire, se contentent de le répandre sur la terre sans l'enfouir. L'une et l'autre de ces méthodes sont également vicieuses. Le fumier enfoui trop avant dans la terre n'a plus d'air et se trouve par conséquent privé des influences atmosphériques, dont il a besoin pour exercer son action sur les racines des plantes. D'un autre côté, celui qui n'est répandu que sur la superficie du sol manque d'humidité, et se trouve exposé par l'action du soleil, à voir ses principes végétatifs se volatiliser et s'évaporer sans produire leur effet. Le procédé le plus avantageux consiste donc à ne pas enchausser le fumier dans la terre plus profondément que ne le sont les racines des plantes, pour qu'il puisse toujours se trouver en contact immédiat avec elles. Voilà le principe le plus susceptible de bien utiliser les engrais et de favoriser leur action.

C'est une erreur de croire que le fumier est meilleur lorsqu'il est fort vieux et dans un état de pourriture complète. La trop grande fermentation qu'il a été obligé de subir pour arriver à cet état de décomposition, lui a fait éprouver une trop grande déperdition de principes végétatifs, pour qu'il puisse être encore fertilisant. Toutefois, il ne faut pas non plus, par un excès contraire, que le fumier soit trop nouveau, car dans l'un comme dans l'autre cas, il ne remplirait pas le but. Il importe, pour pouvoir en tirer le parti le plus avantageux, d'en faire l'emploi lorsqu'il est arrivé à un état de décomposition mixte, qui est le seul convenable.

Il ne faut pas non plus perdre de vue que la surabondance des engrais nuit souvent d'une manière sensible à la production des végétaux; l'excès pèche en tout : ici comme dans toute autre chose. Le cultivateur qui croirait pouvoir recueillir une double récolte parce qu'il aurait doublé la dose de ses fumiers, se tromperait beaucoup. Il ne retirerait qu'une moisson abondante en paille dont les épis ne seraient que chétifs, maigres, allongés et peu fournis en grains; il est donc important, pour éviter cet inconvénient, de ne point trop prodiguer le fumier et de n'en employer que la quantité nécessaire et suffisante aux besoins de la terre; c'est tout à la fois un principe de bonne réussite, d'économie et de sage administration.

Il n'est pas moins important lorsque le fumier est transporté sur le terrain, de ne pas mettre de retard à le répandre et à l'enfouir à la profondeur nécessaire, afin de ne pas s'exposer, en le laissant s'évaporer en pure perte, à lui voir perdre ses principes végétatifs les plus précieux.

Il est plusieurs sortes d'engrais; les uns qui ne sont à proprement parler que des amendements, ne contiennent pas de substances graisseuses et onc-

tueuses, et ne sont composés que de matières végétales, d'où ils tirent leur dénomination d'amendements végétaux. Les autres qui ne sont désignés que
sous le nom générique d'engrais, sont un composé
de substances animales produites par les déjections
et la litière des différents animaux domestiques attachés à l'économie rurale. Nous ferons successivement connaître les uns et les autres ; mais avant
nous ne négligerons pas de faire remarquer que les
amendements végétaux ne conservent pas leur vertu
fécondante aussi long-temps que les engrais, parce
que ceux-ci contiennent plus de sels et de parties
graisseuses que ceux-là. Toutefois, les amendements
végétaux ont une puissance beaucoup plus active,
et on ne peut mieux les caractériser qu'en disant
avec un auteur estimé en économie rurale, qu'ils
sont pour les terrains « ce que les liqueurs spiri-
» tueuses sont pour un homme robuste et phlegma-
» tique, un levain qui l'anime et fait circuler dans
» ses veines avec promptitude de nouveaux prin-
» cipes de vie, une énergie extraordinaire, une puis-

» sance jusqu'alors inconnue ; mais cette action ne
« dure pas. »

§ 2.

DES AMENDEMENTS VÉGÉTAUX.

I.

Des cendres et de la suie.

Toutes les espèces de cendres, soit qu'elles proviennent de la cinération du bois, de la houille, ou des débris des plantes et végétaux, tels que les tiges d'œillettes, de colza ou autres, ont une vertu fertilisante, lorsqu'elles sont répandues avec discernement sur les terres que l'on veut amender. Elles exercent notamment une action favorable sur les prairies artificielles semées en trèfle. Les sels et les principes qu'elles renferment, développés et rendus solubles par l'action de la pluie et de l'humidité, conviennent parfaitement pour activer la végétation des œillettes, du chanvre, du colza, de l'orge, du froment et des pommes de terre, elles sont ordinairement employées avant les travaux préparatoires des semailles, mais plus efficacement pour les récoltes de mars que pour celles de saison. Elles ont pour les terres fortes et compactes l'heureux effet d'en diviser les molécules, de les rendre plus légères en les ameublissant et en facilitant leur pulvérisation, de manière qu'elles sont alors plus susceptibles de pouvoir aspirer les influences atmosphériques. Elles redonnent de la chaleur et de l'énergie au sol en le stimulant ; mais il ne faut pas les employer avec trop d'abondance, car alors leur effet serait plus nuisible qu'avantageux. Parmi les différentes espèces de cendres, il n'en est pas qui produisent de plus étonnants effets que celles qui proviennent des tourbes. Elles exercent, sur le sol où on les répand, une vigueur de végétation étonnante qui surpasse tout ce que l'on pourrait attendre du fumier le plus accompli. Une lessive de ces cendres répandue après l'hiver sur les blés qui ont souffert de ses atteintes, ont le merveilleux effet de lui redonner du ton et de le rétablir dans le meilleur état de végétation.

La suie a de même que les cendres la propriété d'amender les terrains parce qu'elle contient des substances huileuses et salées qui exercent une heureuse influence sur les plantes. Toutefois il ne faut s'en servir qu'avec prudence et précaution , parce que son action étant très corrosive on s'exposerait à les brûler et à les dessécher si on s'en servait en trop grande quantité. Cet amendement est principalement utile aux terrains qui sont disposés et destinés à la production du trèfle, de l'orge, de l'avoine et de la luzerne , mais il produirait un effet préjudiciable, si on attendait pour le répandre que la plante fut sortie de terre. C'est avant l'ensemencement de la graine qu'il faut l'employer pour en retirer de bons effets. Le moment de l'utiliser se présente ordinairement à la fin de l'hiver ou aux approches du printemps.

II.

Des sables et graviers.

Les graviers et les sables peuvent être employés comme amendement sur les terres compactes, froides et humides qui retiennent l'eau trop long-temps. Elles opèrent sur ces sortes de terrains, l'heureux effet d'en diviser les molécules, par conséquent de les rendre solubles et dès lors de les ameublir en facilitant l'infiltration du fluide aqueux dans l'intérieur de la terre , elles y entretiennent aussi plus long-temps l'action de la chaleur et par ce moyen, elles ont la propriété , en ranimant pour ainsi-dire le foyer de la végétation, d'en faciliter ou d'en accélérer singulièrement le développement.

III.

De la marne.

La marne, considérée comme amendement, possède aussi des propriétés fertilisantes qui ne sont point indignes de l'attention du cultivateur. La marne adoucit et réchauffe la terre , aussi est-elle particulièrement profitable et favorable aux terrains froids et humides en y facilitant l'infiltration des principes de chaleur qu'elle y attire et dont l'action est si nécessaire à la végétation. La marne s'identifie facilement au sol et en s'y incorporant elle y produit d'heureux résultats surtout à l'égard des prairies artificielles et des plantes fourragères et légumineuses.

La marne prédispose aussi favorablement le sol pour la production des céréales; il suffit de la répandre sur le sol en petit tas et de faciliter son action en la broyant à l'aide de la herse à dents de fer et du rouloir; cette opération doit principalement se faire dans la saison de l'automne afin de soumettre la marne aux influences des gelées qui ont aussi l'effet de contribuer, avec les neiges et les pluies, à en opérer la division et la dissolution.

On sait que la marne a la propriété d'enlever les tâches de graisse des étoffes. Ses principes sont donc d'aspirer les parties graisseuses et huileuses de l'atmosphère pour les inculquer à la terre et contribuer à sa fertilisation en en tempérant l'acidité.

IV.

De la chaux.

La chaux est aussi un amendement qui produit les plus heureux effets sur les terrains compactes, humides et froids, dont il tempère l'humidité; mais il faut savoir en user avec un juste discernement, —

l'action de la chaux, qui n'est autre chose que la marne calcinée, est fort dessiccative et ce serait s'exposer à dessécher un terrain que de l'y employer en trop grande quantité. Il en est de la chaux comme de beaucoup de choses utiles dont l'emploi poussé à l'excès devient préjudiciable.

V.

Des tourteaux.

Les tourteaux d'œillettes, de colza, de chanvre, de lin, et d'autres plantes oléagineuses, étant réduits en poudre et disséminés sur la terre, ont beaucoup d'efficacité comme amendement et même comme engrais, à cause des substances graisseuses et huileuses qu'ils renferment. Ce précieux amendement est apprécié à sa juste valeur dans le nord de la France où il est fréquemment employé et mis en usage par les cultivateurs qui l'estiment beaucoup pour sa chaleur et pour les heureux effets qu'il produit.

VI.

Des résidus des plantes.

Les débris des végétaux, les feuilles des arbres, les

pailles des céréales, les tiges des plantes fourragères et légumineuses, soit qu'on en fasse usage après les avoir préalablement saturés de substances végétatives ou déjectionnelles , soit qu'on les emploie autrement, ont la vertu , étant enfouis dans la terre, de lui procurer par leur décomposition un véritable amendement par la propriété que toutes ces matières ont d'alléger le terrain, de le rendre plus perméable , plus friable et par conséquent plus accessible à l'action des principes fécondateurs que l'air, le soleil et les pluies peuvent lui fournir.

§ 3.

DES ENGRAIS.

I.

Du fumier.

On désigne sous le nom de fumier proprement dit, la litière des chevaux, vaches et autres animaux domestiques, attachés à l'économie rurale, c'est le meilleur et le plus estimé des engrais.

«Quelle que soit la base des fumiers, dit un auteur

» moderne qui a écrit sur l'agriculture, son mélange
» avec les déjections des animaux domestiques dé-
» termine bientôt une fermentation qui se manifeste
» par une vapeur ou espèce de fumée , d'où tout
» donne à penser que lui vient son nom de fumier.»

Les fumiers de bestiaux conviennent également bien à tous les terrains. Toutefois il en est qui ont une vertu particulière qui exerce plus ou moins d'action et d'influence selon la nature des productions ou des terrains auxquels on les applique. Ainsi, pour réchauffer et ranimer les terres froides et humides où l'on cultive ordinairement le lin et le chanvre, il sera plus utile d'employer le fumier de mouton que celui de vaches, dont la fraîcheur , l'humidité et l'onctuosité conviennent mieux aux terrains sablonneux et arides; de même le fumier de cheval dont la paille de blé aura fourni la litière, et dont la nourriture aura été composée d'avoine et de bon foin, produira des effets plus merveilleux que tous autres engrais sur les prairies argileuses dont il stimulera la fertilité par sa chaleur active et vivifiante.

II.

Du parcage des moutons.

Le parcage des moutons sur un terrain, est un mode d'amendement dont les résultats sont des plus satisfaisants. Il importe donc de l'employer, toutes les fois que l'état de la saison, du temps ou de la température ne s'y oppose pas. Il est en effet reconnu que le fumier de ces animaux est des plus énergiques et que sa vertu fertilisante l'emporte de beaucoup sur celle des engrais produits par la litière des bestiaux. Quant à la durée du parcage, c'est à l'intelligence du cultivateur à la régler d'après l'état, la nature, et les besoins de la terre ; on conçoit, qu'il est impossible de tracer des règles fixes à cet égard, cela varie du plus au moins selon les circonstances particulières où l'on peut se trouver. Toutefois il importe, lorsque le parc est levé et que le troupeau a quitté définitivement le sol, de ne pas négliger d'y faire effectuer de suite un labour pour donner à l'engrais les moyens, en pénétrant dans la terre, d'y exercer plus efficacement son action et surtout pour ne pas s'exposer à en voir perdre les effets en le laissant s'évaporer inutilement.

III.

De la fiente des volatiles.

La fiente des volatiles, notamment celle des pigeons et des poules, est un engrais dont la puissance et les effets sont depuis long-temps éprouvés et reconnus. Cet engrais stimule particulièrement les terrains froids et humides où il est répandu, en y déposant des principes de chaleur qui les raniment et y ramènent la fécondité.

Le mode de préparation de cet engrais consiste à nettoyer, chaque mois, les colombiers ou poullaillers et à réunir la fiente qu'on en retire en un tas séparé des autres fumiers dans un coin de la cour et à la laisser ainsi se reposer. Lorsque l'époque de s'en servir est arrivée, ce qui a ordinairement lieu au printemps, on réduit en poudre cette substance, qui est alors moins compacte, et on la dissémine avec prudence sur les prairies artificielles, les blés, les verdures ou enfin sur les terres qui ont besoin d'être fouettées par le stimulant et l'énergie de cet engrais.

IV.

Des urines.

Parmi les engrais dont la vertu est la plus active et la plus fertilisante, on peut aussi ranger les urines des hommes et des animaux. Combien, dès lors. n'a-t-on pas à regretter de voir la plupart des cultivateurs négliger le soin de les recueillir et perdre ainsi, par leur incurie ou leur aveuglement, le moyen d'augmenter la fertilité de leurs champs. On ne saurait donc trop leur recommander d'imiter l'exemple des Flamands et de la plupart des fermiers du nord de la France qui, depuis très long-temps, ont la louable habitude d'employer les urines comme engrais. La méthode dont ils se servent pour les utiliser, consiste à recueillir les matières déjectionnelles dans des espèces de citerne et à les répandre ensuite sur la terre où elles produisent un effet merveilleux à cause du mucilage et de l'abondance des sels et des propriétés fécondantes qu'elles contiennent. A voir l'indifférence d'un grand nombre de cultivateurs pour les engrais liquides, on serait presque tenté de penser qu'ils n'en connaissent pas la puissance ni les bons effets. Cependant les faits sont là pour leur en démontrer chaque jour les vertus fertilisantes. Espérons donc que l'honneur des champs ne sera pas toujours sourd à la voix de la raison et que les préjugés de l'ignorance et de l'habitude, finiront par disparaître pour faire place aux véritables pratiques utiles établies et fondées sur les lumières et l'expérience.

V.

Des composts.

On désigne ordinairement sous le nom générique de composts des amas de substances et de matières animales ou végétales amalgamées ensemble de manière à produire, par leur décomposition et leur fermentation, un engrais particulier qui, par la combinaison des différents principes qui le composent, possède la vertu d'achever et d'accélérer le travail

de la nature pendant le phénomène de la végétation.

Les fumiers manquent quelquefois aux cultivateurs, et il arrive souvent que par suite de cette di-
sette d'engrais, la plupart de leurs champs n'étant
pas fumés ou ne l'étant pas suffisamment, ne donnent que des productions médiocres. Il faut le dire
avec vérité, si par fois les cultivateurs manquent des
engrais nécessaires, c'est souvent à eux-mêmes qu'ils
doivent en imputer la faute en laissant perdre, sans
en tirer parti, une foule d'ingrédients, qui, s'ils
étaient réunis en composts et combinés par couches
alternatives avec des fumiers de bestiaux, produi-
raient, par leur décomposition corrélative et par les
principes dont ils se pénétreraient réciproquement,
un engrais excellent, dont l'énergie et les effets seraient, sans contredit, plus puissants et plus actifs
que si chacun de ces ingrédients était employé iso-
lément et séparément, l'expérience et les faits sont
encore là pour attester cette vérité.

Il y a différentes méthodes de préparer des composts, nous nous bornerons à indiquer celle qui nous paraît la plus simple et la plus facile. Elle consiste dans la pratique suivante : jeter dans un fossé ou sur un terrain plat, un lit d'environ 4 à 5 pouces d'épaisseur, couvrir immédiatement ce lit de fumier par une couche égale de terre, d'immondices, de limon ou autres matières végétatives. Arroser et imprégner le tout avec des engrais liquides, tels que l'eau savonneuse des lessives, l'eau des mares, ou des urines d'hommes ou d'animaux. Saupoudrer légèrement chaque couche avec de la chaux éteinte ; augmenter successivement le tas du compost en faisant succéder alternativement à un lit de fumier une couche d'autres substances animales ou végétales que l'on peut avoir à sa disposition, telles que la terre, les boues et les balayures des rues des villages ou des chemins, les gazons, la vase et le limon provenant du curement des fossés, ruisseaux, mares ou étangs, les débris des animaux, les cendres, la suie, la marne, les feuilles d'arbres, etc., recouvrir la masse totale du compost avec une couche de terre ou de gazon pour y maintenir d'autant mieux les matières liquides, empêcher l'évaporation de leurs principes volatils et entretenir la fermentation et la décomposition des différentes matières combinées ensemble. Telle est la manière d'obtenir un engrais dont l'action et la puissance produisent sur les terres d'étonnants et de magiques effets.

Le temps pendant lequel les substances que l'on fait entrer dans les composts doivent rester en tas avant d'être utilisées, varie selon le plus ou le moins de disposition à se décomposer et aussi selon que le compost est plus ou moins volumineux, mais ordinairement le temps nécessaire est en général de six mois à un an.

CHAPITRE 3.

DES JACHÈRES.

§ 1er.

De la suppression des jachères et de leur remplacement par des productions utiles.

L'expression jachère, vient du mot latin *jacere*, qui signifie reposer, parce que l'on suppose que la terre , dans l'état de jachère , c'est-à-dire de non production, éprouve du repos et répare ses forces.

Ainsi, d'après sa définition même, la jachère servirait à laisser la terre improductive en repos. Etrange abus des mots. En effet, la terre est-elle un être animé susceptible de lassitude et de fatigue, pour avoir besoin de recouvrer dans le repos, des forces épuisées par le travail? Non, sans doute ; ce mot de repos est donc ici une expression vide de sens que le cultivateur applique par comparaison sans la comprendre. Il sait que son corps, harassé par un labeur pénible, a besoin d'une inaction momentanée pour revenir à son état naturel, et il dit : « La terre » travaille en produisant, il faut donc la laisser reposer si nous voulons qu'elle travaille de nouveau » et produise encore. » Ce n'est point par lassitude que le sol qui a produit du froment une année, n'en fournit plus avec autant d'abondance l'année suivante ; la cause ne vient point de là : elle provient de ce que le sol ne contient plus assez de principes végétatifs pour satisfaire aux besoins de la nouvelle plante et que dès lors la terre éprouve la nécessité de les recomposer; mais les principes nutritifs que chaque plante soulève de la terre, ne sont point identiques. — La plante qui a quitté le sol, n'a pu attirer à elle que les sucs qui lui étaient propres, sans altérer ceux qui lui étaient inutiles, et qui, par cela même, peuvent convenir à une plante d'une autre espèce. Eh bien, substituez-y cette plante à qui ces principes fécondateurs conviendront? Voilà en quoi consiste toute la science qui doit conduire le cultivateur à pouvoir s'affranchir avec succès du système des jachères,

La terre combat elle-même victorieusement le système des jachères, puisqu'il est de vérité que malgré l'état d'abandon où ce système la laisse, elle ne produit pas moins une multitude de plantes vivaces avec une abondance étonnante. Cela prouve donc mieux que tous les raisonnements, que la terre ne peut pas cesser de produire, et que, d'après le vœu de la nature, il faut qu'elle produise continuellement et sans interruption; tout le secret, pour avoir d'heureux résultats, consiste seulement à savoir harmoniser les productions avec l'état, la nature et les besoins du terrain.

L'infertilité de la terre ne vient pas de la continuité des productions qu'on exige d'elle, mais des procédés irréfléchis de culture auxquels on la soumet. Ce n'est donc point par l'effet d'une production permanente et non interrompue, qu'elle cesse à la fin de produire, mais par l'effet d'une culture mal entendue, mal dirigée et mal appropriée. Ce qui prouve que c'est une erreur de laisser la terre en jachères, pour ne point la fatiguer par une suite continuelle de productions, c'est que dans cet état de jachères, la terre ne cesse pas un seul instant de produire; en effet, elle fait éclore spontanément des herbes et des plantes parasites et gourmandes; elle produit donc, elle ne cesse donc jamais de produire; il y a plus, c'est que ce que la terre produit alors l'épuise davantage, parce que la nature des plantes sauvages est d'être plus voraces, plus funestes au sol, par conséquent plus épuisantes que les plantes cultivées.

Il n'y a point, il ne peut jamais y avoir réellement, épuisement ou perte de forces pour la terre, par l'effet seul de la production ; mais plutôt absence ou déperdition de sucs et de sels nécessaires à la végétation et à l'accroissement des plantes. Il suffit donc de rendre au sol, par le moyen des travaux aratoires et des engrais, les pertes qu'il a pu faire sous ce rapport, pour lui restituer son état normal de fécondité.

Ce n'est point à la nature seule qu'il convient de laisser le soin de réparer l'infécondité momentanée de la terre, c'est aussi à l'homme qu'il appartient principalement d'y pourvoir au moyen des engrais.

Il est incontestable que la culture alterne a des avantages infinis et incontestables sur le système des jachères ; il suffit, pour s'en convaincre, de comparer l'état actuel des campagnes, dans les cantons où cette culture est adoptée, avec celui où elles étaient lorsque la pratique des jachères y était observée.

La suppression des jachères fournissant plus de

ressources pour assurer l'existence des animaux domestiques attachés à l'économie rurale, donne la faculté et les moyens d'en multiplier le nombre et d'augmenter la masse des engrais, il y a donc source inévitable de richesses pour le cultivateur.

On ne peut se dissimuler que depuis une cinquantaine d'années, il est entré dans le nouveau système d'assolement introduit dans l'économie rurale, une foule de plantes qui, auparavant, n'étaient point livrées à la culture ; nul doute que l'introduction de ces nouveaux végétaux n'exige une autre combinaison de culture que l'ancienne ; par conséquent, de puissants motifs de proscrire le système des jachères.

Intercaler avec réflexion et discernement dans les assolements, des cultures sarclées, des prairies artificielles, des plantes fourragères et améliorantes, telle est la principale méthode à suivre pour tirer le parti le plus avantageux du système de suppression absolue des jachères. Tel est le seul moyen d'augmenter la masse des produits par la facilité que cette méthode procure de pouvoir, par l'entretien d'un plus grand nombre de bestiaux, mieux engraisser les terres et par conséquent les maintenir dans un état perpétuel de fertilité et de fructification.

Maintenant que nous avons démontré que le prétendu repos de la terre, est un mot vide de sens, un préjugé aussi absurde que nuisible, faisons des vœux pour voir accueillir partout avec faveur le système de la suppression absolue des jachères. Faisons ces vœux et dans l'intérêt des cultivateurs et dans celui de l'agriculture elle-même, car elle ne fleurira réellement en France que lorsque dans toutes les localités l'instruction et les lumières auront fait universellement adopter et mettre en pratique ce principe fondamental de l'économie rurale, *plus de jachères.*

§ 2.

Des modes d'assolement les plus avantageux dans la succession des cultures qui excluent les jachères.

La principale étude d'un cultivateur doit avoir sans

cesse pour objet de n'adopter et de ne mettre en pratique que les méthodes de culture, qui, joignant la simplicité et la célérité des travaux à une sage économie de temps et de dépenses, sont le plus susceptibles de lui fournir les productions tout à la fois les plus utiles et les plus abondantes.

Pour arriver à ce but, il importe de bien se pénétrer de l'action que peuvent exercer sur le sol, les différentes plantes qui lui sont soumises, et par conséquent, coordonner la succession des cultures de manière à ce que la plante qui succède, trouve dans les résidus délaissés sur le terrain, par la plante qui l'a précédée, des éléments de fertilité et de fructification.

Il est essentiel aussi de combiner les travaux de manière à ce qu'ils puissent être successivement faits en temps utile sans confusion ni encombrement; enfin, d'éviter de faire arriver dans un même moment toutes les récoltes à la fois, afin de ne pas en compromettre le succès.

Il est démontré, par des faits incontestables, que

la terre ne suffit pas seule pour donner la vie aux plantes et entretenir leur végétation. L'atmosphère est aussi la source où elles puisent les éléments nécessaires à leur existence. Ce qui le prouve, c'est qu'une plante privée d'air et d'eau, périrait infailliblement desséchée sur sa tige. Les végétaux, empruntent donc leurs principes élémentaires, tout à la fois à la terre et à l'atmosphère. Ces emprunts, ne sont pas dans une proportion égale, il est des plantes qui puisent davantage dans l'atmosphère que dans la terre, d'autres au contraire sont plus redevables à la terre qu'à l'atmosphère.

Les plantes dont les feuilles sont larges, poreuses et herbacées, trouvent plus abondamment dans l'atmosphère les principes nutritifs nécessaires à leur alimentation ; elles sont moins onéreuses à la terre que celles dont les tiges serrées et les racines fibreuses et chevelues ont de nombreux points de contact avec le sol et y puisent par conséquent davantage.

Ce n'est point assez pour le cultivateur d'avoir,

par ses travaux et par ses soins, mis son terrain dans
un état de netteté et d'ameublissement convenables,
il n'est pas moins important qu'il combine ses cultures, de manière à lui conserver ces précieuses qualités. Il doit donc s'attacher, après une récolte épuisante et de nature à souiller le terrain, telle que
celle du froment, de l'avoine, de l'orge et du seigle,
à faire succéder des plantes, qui, par les sarclages
et les travaux annuels qu'elles exigent, soient susceptibles d'extirper du sol les germes et les racines
nuisibles dont il a pu être souillé; on conçoit en
effet que si à des végétaux qui détériorent la terre,
on n'en faisait pas succéder d'autres de nature à
l'améliorer, tels que des œillettes, des betteraves, des pommes de terre, des navets, etc., on
s'exposerait à n'avoir successivement que de ché-
tives récoltes, parce que les racines des plantes nuisibles ont la faculté de conserver long-temps leur
vertu végétative. Il importe donc de se conformer
aux meilleurs principes d'agriculture, en imitant
l'exemple des cultivateurs du nord de la France, qui

sont dans l'usage de faire succéder aux récoltes de grains farineux, celles des fourrages et autres plantes améliorantes, qui, par leur nature, exigent des sarclages et des manutentions dont l'effet est de défoncer le terrain, de l'ameublir, de le nettoyer, en un mot, de l'améliorer.

Une attention importante que doit avoir le cultivateur, c'est de ne pas faire succéder les mêmes végétaux sur le même terrain. Il faut donc éviter de faire suivre, pendant deux ou plusieurs années de suite, des plantes de même espèce; d'abord parce que ces plantes ayant toujours besoin des mêmes principes alimentaires, ne les y trouveraient plus avec assez d'abondance, et que d'un autre côté, on y verrait pulluler avec plus de force les insectes nuisibles qu'elles engendrent, tandis qu'au contraire, la présence d'autres végétaux avec lesquels ils ne pourraient sympathiser, les verrait bientôt disparaître infailliblement.

L'expérience et les faits démontrent que les céréales ou grains farineux, ont des racines chevelues, déliées et très rapprochées , qui , par leur contact entr'elles, entreprennent toute la surface du sol et en soutirent les principes nutritifs dans toutes ses parties. Il n'en est pas de même des végétaux à racines pivotantes , ceux-ci ne sont point adhérents entr'eux, ni pour ainsi dire, attachés l'un à l'autre. Il existe entre leurs intervalles des espaces libres qui conservent leur engrais ; d'ailleurs, l'isolement de leur racine, l'espèce de labour qu'effectuent les divers sarclages que leur culture exige , sont aussi des causes qui contribuent puissamment à neutraliser l'épuisement dont la terre se ressent plus ou moins dans la production des végétaux qui ne réclament point cette manutention. Leur végétation est active et accélérée, elle est dès-lors peu onéreuse à la terre. Toutes ces considérations ne laissent point de doute sur les avantages incontestables que l'on obtient à savoir intercaler judicieusement dans la culture des plantes à racines fibreuses et déliées, telles que les céréales, celle des végétaux à racines pivotantes, tels que les œillettes, le colza, les warats, les betteraves et autres de même espèce. Il ne faut pas non plus perdre de vue qu'il est de principe, en économie rurale, que les terrains unis et d'un travail facile, admettent préférablement la culture des plantes légumineuses, fourragères et oléagineuses. De même que les prairies artificielles conviennent mieux aux terrains rebelles.

En résumé, les plantes qui offrent le plus d'avantages pour entrer dans les assolements et remplacer, avec profit et utilité, les ruineuses et improductives jachères, sont principalement le trèfle, la betterave, l'œillette, le sain-foin, la luzerne, les warats, les pommes de terre, la camomille, le chanvre, le lin, le colza. Au moyen de ces cultures, la campagne ne présentera plus le triste spectacle de l'aridité et de la nudité. La terre, constamment couverte de riches moissons, offrira un aspect animé et riant, et le cultivateur qui verra tout à la fois améliorer ses champs et augmenter la masse de ses produits, rendra de justes actions de grâces à la nature, qui ne laisse jamais sans récompense sa constance, ses efforts et ses utiles travaux.

CHAPITRE 4.

DE LA CULTURE DES GRAMINÉES.

§ 1.er

Du blé ou froment.

La culture du froment réclame tous les soins du cultivateur, à cause de son importance et de son utilité pour la nourriture de l'homme. En général les terres fortes bien préparées par des labours et des hersages et convenablement pourvus de bons engrais, sont les plus favorables à la propagation de ce grain de première nécessité ; mais autant que ce végétal se plaît dans les terres substancielles et qui ont de la consistance, autant il redoute celles qui sont trop meubles ou trop légères, et surtout qui ne sont pas bien nettoyées. La netteté du sol étant une condition essentielle pour la réussite de cette plante, il importe de ne la faire succéder qu'à des cultures améliorantes et préparatoires, telles que celles des plantes pivotantes ou des prairies artificielles. Ce serait en effet s'exposer à compromettre le succès d'une récolte en blé que de la faire suivre ou précéder par une culture de grains farineux.

On distingue ordinairement les froments en blé de mars et de saison, les premiers se sèment au printemps et les autres en automne. Ceux qui sont confiés à la terre dans cette dernière saison donnent en général des produits avantageux et des épis abondants en grain, lorsque la semaison a été faite de bonne heure sur un terrain propice et par un temps favorable. La récolte en est aussi beaucoup plus précoce ; de là le proverbe : plus tôt en terre, plus tôt hors de terre.

Le choix de la semence n'est pas sans influence sur le succès des récoltes ; il importe de n'employer que des grains bien mûrs et de bonne qualité, comme cela est d'usage chez les cultivateurs éclairés et prudents, de renouveler successivement les semences et surtout de les purger de toutes autres semences étrangères et nuisibles. On parvient à ce résultat en bien préparant les semences et en les soumettant à l'opération du chaulage, qui a pour objet non seulement de préserver les grains des effets de la carie, de la rouille ou du charbon, mais encore de faire périr les germes d'insectes qui pourraient y être attachés.

La méthode d'ensemencement la plus usitée dans le nord de la France, est celle qui se fait à la volée. Il est essentiel de bien éparpiller la semence et d'avoir soin de la disséminer sur le terrain le plus également possible. Dès que l'ensemencement est opéré, il convient de faire passer la herse sur le terrain, afin de raffermir la terre, et de bien y enchausser le grain. C'est pour le blé comme pour toutes les autres plantes, le complément nécessaire de l'ensemencement.

§ 2.

Du seigle et du méteil.

Le seigle peut être considéré comme tenant rang immédiatement après le blé parmi les grains farineux destinés à la nourriture de l'homme. Sa tige s'élève souvent à une hauteur de 5 à 6 pieds, ses épis et ses grains sont plus longs, plus minces et plus effilés que ceux du froment.

Cette plante, dont les tuyaux sont plus déliés et plus flexibles que ceux des autres graminées, est d'une végétation active et accélérée. Tous les terrains, même les plus ingrats et les plus arides, lui conviennent, et on la voit fructifier avec succès sur des sols de médiocre qualité.

Le seigle, parvenant à son état de maturité beaucoup plus promptement que les autres grains, ne redoute pas autant l'influence préjudiciable des chaleurs ou des grandes sécheresses de même qu'il résiste à un dégré d'intensité de froid qu'ils ne pourraient pas supporter.

La culture du seigle a la plus grande analogie avec celle du froment ; comme il a besoin d'une terre préalablement préparée par des labours et amendée par des engrais, deux labours peuvent ordinairement lui suffire, et même quelquefois un seul, lorsque le végétal auquel il succède, est de la nature de ceux dont la culture a exigé des sarclages et des binotages.

4.

Les cultivateurs font un semis de seigle mélangé avec le blé pour en obtenir une production qui prend alors le nom de méteil; mais on ne peut se dissimuler que cette méthode n'est pas sans inconvénient, par la raison que la maturité de chacun de ces grains ne s'opérant pas et ne pouvant pas s'opérer en même temps, il en résulte qu'à l'époque de la fauchaison, l'un est souvent trop mûr et l'autre pas assez.

Le seigle est une ressource des plus précieuses pour le cultivateur par la facilité qu'il lui donne de pouvoir s'en servir comme d'un fourrage vert et abondant pour ses bestiaux à une époque où aucune autre plante ne peut en fournir. Cet avantage est inappréciable, aussi cette culture mérite-t-elle de ne pas être négligée.

De même que le blé, il y a deux variétés de seigle, l'un de mars et l'autre de saison. La méthode de les cultiver, de les semer et de les récolter, est identiquement la même que celle que nous avons indiquée à l'article froment. Il suffit de s'y reporter, et nous nous dispenserons d'entrer, à cet égard, dans des répétitions oiseuses, seulement nous ferons remarquer qu'il convient de ne pas attendre, pour faucher le seigle, qu'il soit parvenu à sa plus complète maturité, parce que ce serait s'exposer à le voir s'égrener facilement et par conséquent à une perte inévitable de grains.

Les semis du seigle de saison s'effectuent ordinairement vers la mi-septembre, l'épi se forme vers la fin d'avril ou le commencement de mai, la récolte a souvent lieu quinze jours à trois semaines avant celle du froment. La paille de seigle étant plus coriace et plus flexible que celle des autres graminées, est souvent employée avec avantage pour servir de liens.

Le seigle est particulièrement sujet à une maladie, connue sous le nom d'*ergot*, notamment dans les années où il survient des pluies continuelles qui lui sont extrêmement nuisibles et préjudiciables; il convient, pour l'en préserver, de le soumettre, comme le froment, à l'opération du chaulage.

§ 5.

De l'Orge.

L'orge est un grain pointu et piquant, gros du milieu, dont l'épi est barbu, il en existe plusieurs variétés. Les principales sont l'orge proprement dite, l'escourgeon et la pamelle dont le grain est plus petit.

L'orge et la pamelle se plaisent, comme le seigle, sur toutes les espèces de terrains et profitent également sur les terres légères de médiocre qualité, comme sur les terres fortes. Il n'en est pas de même de l'escourgeon, qui est un grain d'hiver, ou autrement dit de saison. Cette espèce est plus exigeante et ne profite que dans des sols substantiels et fertiles, améliorés par de bons engrais et convenablement défoncés, préparés et ameublis par le nombre des labours et autres travaux aratoires nécessaires. L'escourgeon ne craint pas les gelées, ni les rigueurs de l'hiver, et peut fournir, au printemps, plusieurs coupes de fourrages dont les bêtes à cornes sont très friandes. La pamelle pousse avec une rapidité étonnante. Il lui suffit souvent de trois mois pour parcourir toutes les périodes de sa végétation et parvenir à sa maturité. Semée ordinairement en mars , on peut la récolter dans le courant de juin, mais il n'y aurait pas d'inconvénient à différer son ensemencement jusqu'au mois d'avril ; elle offre alors le précieux avantage de pouvoir remplacer les seigles et autres grains d'hiver qui n'ont pu être substitués en automne à une récolte faite trop tardivement.

L'orge succède avec avantage à la culture des plantes pivotantes sarclées, telles que les betteraves, les œillettes , les colza , les warats et autres semblables. Il n'est pas moins profitable de l'amalgamer avec le seigle, le trèfle, la luzerne et le sain-foin.

Toutes les orges, comme les autres graminées qui ont des racines fibreuses, chevelues et déliées qui embrassent toute la surface du sol qui les soutient, sont épuisantes et absorbent avec intensité les sucs nutritifs de la terre.

Ce grain étant sujet à la maladie connue sous le

nom du *charbon*, surtout dans les terrains froids et humides, il devient utile et profitable de se conformer aux principes d'une bonne culture en le soumettant avant l'ensemencement à l'opération du chaulage.

§ 4.

De l'Avoine.

L'avoine est une plante dont le cultivateur retire les plus grands avantages par l'emploi qu'il fait de ce grain pour nourrir ses chevaux, dont la coopération lui est chaque jour d'un si grand secours dans l'exercice de ses travaux.

Cette plante aime, comme le froment, les terres fortes et substantielles qui ont de la consistance, mais elle préfère toutefois celles qui sont plus humides que sèches, parce que la fraîcheur est favorable à sa racine. On la voit souvent prospérer avec succès après le trèfle, la luzerne ou le sain-foin, mais on doit éviter de la faire succéder à une récolte de grains, pour ne pas s'exposer à voir le sol s'épuiser et se couvrir d'une foule de plantes qui ne peuvent que lui être très préjudiciables.

L'avoine a besoin d'eau, aussi ce qui lui nuit le plus et la fait languir sur sa tige, c'est la trop grande sécheresse. L'expérience de cette vérité n'est pas nouvelle, elle date de loin, puisqu'Olivier de Serres, le patriarche de notre agriculture, disait de son temps : les avoines, fèves et pois sont les grains qui désirent le plus l'eau.

La culture de l'avoine n'exige pas des soins bien assidus de la part du cultivateur. Dès qu'il a confié la semence à un terrain convenablement labouré, nettoyé et préparé pour la recevoir, il peut espérer de la voir réussir, pourvu que de trop grandes chaleurs ne viennent pas, par leur action dessiccative, arrêter la marche de la sève et par suite paralyser la végétation et le développement de la plante.

Indépendamment de l'avoine commune, on distingue encore deux autres espèces d'avoine, l'une dite avoine noire, l'autre dite avoine blanche ou de Hongrie. L'ensemencement de ces différentes sortes d'avoine, se fait ordinairement dans le courant de mars ou d'avril. Il n'est pas indifférent, lorsque la plante est sortie de terre à une hauteur d'environ 3 ou 4 pouces, de soumettre le terrain à l'opération du rouloir pour rechausser le pied de la tige, briser les mottes de terre, rendre le sol plus uni et faciliter le travail du fauchage que l'on pratique ordinairement le matin et le soir, parce que c'est le moment où la paille, humectée par la rosée, est moins cassante et plus facile à couper.

Il existe, parmi un grand nombre de cultivateurs, un usage ou plutôt un préjugé nuisible, contre lequel on ne saurait trop s'élever, c'est celui de laisser l'avoine fauchée, pendant une quinzaine de jours sur le sol, afin que le grain se pénètre d'humidité et augmente de volume ; c'est ce que vulgairement on appelle *avoiner*. Cette pratique est d'autant plus vicieuse que la perte de grains qui résulte nécessairement de l'égrenage que les épis éprouvent par leur trop long séjour sur la terre, est évidemment bien supérieure au profit imaginaire que l'on pourrait espérer d'en retirer. Du reste, il est reconnu que lorsque le grain est à peine battu de quelques semaines, il reprend son volume ordinaire et naturel, de sorte que c'est sans aucune utilité que les cultivateurs s'exposent aux chances du mauvais temps qui peut survenir et gâter toute leur récolte.

§ 5.

De l'ensemencement des grains et des avantages qui résultent de l'emploi du semoir-mécanique.

Il est reconnu que le plus ou le moins d'abondance des récoltes tient principalement à la méthode de l'ensemencement ; la pratique la plus usitée à cet égard est celle du semis à la main ; mais quelleque puisse être l'habileté du semeur à la volée, il est impossible que le grain puisse être réparti d'une manière égale et proportionnée sur toutes les parties du sol, et souvent il arrive que certaines portions d'un champ se trouvent trop fournies, lorsque d'autres ne le sont pas assez ; il y a aussi, par suite de cette méthode, très souvent perte d'une partie de la semence qui, restant à découvert sur le sol, ne profite qu'aux insectes et aux oiseaux, ou périt par l'effet des atteintes qu'elle reçoit infailliblement de l'intempérie des saisons. Cela n'a point lieu et n'est point à craindre avec le semoir-mécanique, aussi ne saurions-nous trop recommander l'emploi de cet instrument, non seulement sous le rapport de l'économie de la semence, du travail et du temps, mais encore sous celui de la beauté et de la quantité des produits.

Le semoir - mécanique qui répand l'engrais en poudre sur la semence qu'il verse dans le champ et qu'il espace en lignes à 8 ou 10 pouces, est un des instruments qui ont le plus contribué à la perfection et à l'avancement de la culture; il est connu depuis plus de vingt ans et son usage s'étend de plus en plus. Son emploi, disons-nous, procure à la fois économie de semence, de main-d'œuvre et de temps, cela est incontestable. En effet, il faut communément plus de 80 litres de bled pour semer, à la volée, une mesure de terre, tandis qu'il suffit, de 35 à 40 litres avec le semoir. Cet instrument sème en un jour trois fois autant de terre qu'un homme n'en peut semer à la volée, et il résulte de son emploi que ses produits sont plus abondants, parce que la terre en reçoit un surcroît de façon, et que des sarclages pouvant être pratiqués, en temps utile, avec facilité, soit à la main, soit même à la houe à cheval , à cause de l'espacement des lignes, les mauvaises herbes n'y peuvent rester en assez grande quantité pour nuire aux récoltes.

Il est facile d'adapter au semoir-mécanique des trémies de rechange, au moyen desquelles on peut procéder à l'ensemencement de toutes les espèces de grains ou de graines grasses. Ce semoir est réellement précieux pour la culture des plantes oléagineuses; on obtient en effet par le semis en ligne non-seulement une économie d'un tiers dans le sarclage des œillettes, mais aussi plus d'abondance et de régularité dans la récolte.

Il existe, pour la petite culture, le semoir à bras, instrument fait en forme de brouette, sur les brancards de laquelle est posée la caisse renfermant les semences.

§ 6.

De la maladie des Grains.

On sait que les grains sont sujets à différentes maladies qui affectent, altèrent et gâtent leurs substances. Les principales sont vulgairement connues sous le nom de nielle, de carie, de rouille et de charbon; outre ces accidents communs aux céréales, le seigle est encore particulièrement en proie à une affection spéciale que l'on désigne sous le nom d'ergot, parce que le grain qui en est atteint, porte en effet une espèce d'ergot qui ressemble à celui du coq.

Quant aux causes de ces différentes maladies, on présume qu'elles sont produites par les brouillards, les exhalaisons et la malignité des terrains. On remarque en effet que ces sortes d'accidents n'arrivent ordinairement que dans des sols malsains et humides, et que la vapeur qui s'exhale de ces terrains, n'affecte et ne corrompt que la partie des tuyaux ou des épis, qui, d'après le mouvement et la direction du vent a été plus ou moins exposée à ses atteintes. On attribue à l'humidité maligne de certains brouillards, la funeste vertu de pourrir la peau du grain, de le noircir et d'en altérer la substance. Au surplus, quelle que puisse être la cause de ces accidents, il paraît que les meilleurs spécifiques consistent dans de bons labours et dans des engrais convenablement appropriés aux terrains et aux productions. La raison en est facile à saisir. C'est que la plante qui aura puisé une bonne nourriture et acquis plus de force, résistera beaucoup mieux à l'influence des vapeurs malignes, que celle qui serait dans un état de faiblesse et de débilité. Il en est des plantes comme de l'espèce humaine dans des temps d'épidémie, les personnes robustes sont toujours moins susceptibles d'être atteintes, que celles dont la santé est déjà altérée.

L'expérience et l'usage ont aussi consacré plusieurs moyens préservatifs ou curatifs de la maladie des grains ; le principal et le plus utile, c'est le chaulage. Comme cette pratique ne peut jamais porter préjudice au grain, et qu'elle ne peut que contribuer à activer et stimuler sa germination, nous ne croyons pas devoir négliger de la faire connaître. Voici cette pratique. Plonger le grain dans des cuves ou tonneaux remplis d'eau de lessive ordinaire, blanchie par un lait de chaux, en ayant soin de remuer le grain pour qu'il soit bien imbibé ; enlever avec une sorte d'écumoire les faux grains ou les mauvaises semences que l'on voit surnager. Puis, après avoir laissé infuser le grain dans la saumure pendant quelque temps, le retirer pour le faire sécher et le semer ensuite. Tel est le procédé relatif à cette opération.

§ 7.

De la moisson ou récolte des Céréales.

Les instruments employés dans le nord de la France pour opérer la coupe des céréales, sont en général la faulx, la faucille et la sape des flamands, sorte de petite faulx que l'on désigne vulgairement dans nos campagnes sous le nom de *Piquoir*.

Lorsque les grains sont fauchés, il est d'usage de les mettre en javelle pour les laisser sécher et les transporter ensuite dans la grange; mais il arrive

quelquefois qu'avant ou pendant ces opérations, il
survient des orages ou des pluies qui obligent d'in-
terrompre et de suspendre les travaux. D'un autre
côté, l'intempérie de la saison peut devenir telle et se
prolonger si long-temps qu'il soit impossible de parvenir à faire sécher le grain, on se trouve dès lors
exposé à le voir germer promptement sur la terre et
à perdre, en un instant, tout ou partie de la récolte.
Pour éviter un semblable préjudice, il convient donc,
sitôt que le grain est fauché, d'en former de suite de
petites meules provisoires, vulgairement appelées
moies, composées d'un certain nombre de gerbes non
liées. Ces gerbes étant ainsi rassemblées et recou-
vertes d'un chaperon de paille en forme de para-
pluie, ne peuvent plus germer, parce que les eaux
pluviales ne faisant que glisser sur les tuyaux et se
séchant facilement à l'air, ne peuvent exercer aucune
action germinative sur le grain. On peut, de cette
manière, attendre avec sécurité un temps plus favorable pour pouvoir engranger. Cette méthode a d'ailleurs l'avantage de donner aux épis le temps de

perfectionner la qualité du grain. Il est un soin essentiel qu'il ne faut pas non plus négliger : lorsque le temps de la fauchaison est arrivé, c'est de s'assurer que le grain que l'on coupe est à son vrai point de maturité, parce qu'il est aussi nuisible de le faucher trop prématurément que trop tardivement. En effet le blé coupé trop vert est sujet à fermenter, à se réchauffer , à contracter un mauvais goût et surtout à se corrompre; d'un autre côté, si on attend trop long-temps à faucher le seigle, on s'expose à le voir verser et s'égrener. La meilleure méthode à suivre, est celle qui consiste à saisir à propos le bon moment; c'est celui que la nature indique toujours par des indices certains qu'il est impossible de ne pas reconnaître à la couleur dorée de la tige et des épis.

CHAPITRE 5.

DE LA CULTURE DES PRINCIPALES PLANTES OLÉAGINEUSES.

§ 1er.

De l'OEillette.

Cette plante est une des premières qui, dans le nord de la France, a été employée pour remplacer les jachères. On peut donc la considérer comme ayant le plus concouru à leur suppression dans ces contrées.

Les cultivateurs ne négligent pas, chaque année, de l'introduire et de l'intercaler dans les assolements. Ils en connaissent les heureux effets, ils savent qu'elle est pour eux une source de richesses, non seulement par son produit lucratif, mais encore par la facilité qu'elle leur donne de pouvoir remplacer, au printemps, les productions qui ont pu périr par la rigueur de l'hiver ou les intempéries des saisons.

Les moyens généraux d'assurer le succès de la récolte de cette plante, consiste principalement, comme la plupart des autres plantes, dans les soins à donner à la préparation du terrain où ce végétal doit croître et fructifier; choisir un sol doux et substantiel, le diviser et l'ameublir convenablement par des labours profonds et de riches engrais sagement appropriés dans de justes proportions, bien aplanir et égaliser la superficie du champ pour faciliter d'autant mieux la germination de la semence, qui est extrêmement

5.

fine. Purger, au moyen de plusieurs sarclages, le sol de toutes herbes parasites et de toutes les plantes qui, par trop d'abondance et de rapprochement entre elles, pourraient se gêner et se nuire mutuellement. Hâter la végétation de la plante par un semis de cendres de houille. Telles sont les pratiques les plus profitables et dont l'expérience justifie chaque jour l'utilité.

Lorsque la plante est parvenue à son état de maturité, ce qu'il est facile de connaître au flétrissement des feuilles et au dessèchement de la tige, on arrache les plantes de la terre, on les réduit ensuite en petites bottes qu'on laisse debout, sur le sol, pour les faire sécher. On retire de la graine d'œillette, par l'effet de la pression, une huile très estimée et de fort bon goût, qui tient le premier rang après l'huile d'olive. Il s'en fait un commerce considérable dans les départements du Nord et du Pas-de-Calais. La culture de cette plante n'est donc pas moins favorable à l'industrie, qu'elle n'est utile à l'agriculture.

§ 2.

Du Colza.

Le colza est une plante oléagineuse dont l'utilité et les bons produits ont, depuis un certain nombre d'années, rendu la culture presque générale dans le nord de la France, où elle croît avec abondance et fertilité. La racine longue et pivotante du colza exige, comme celle de l'œillette, un sol bien défoncé; mais surtout ameubli avec le plus grand soin et de manière que la terre soit rendue bien légère et bien friable, pour que la racine puisse y pénétrer facilement et y puiser les sucs et les principes nourriciers que les engrais doivent lui fournir pour hâter sa végétation et assurer le succès de sa récolte.

Quant à la nature du sol convenable à cette plante, il suffira de faire observer qu'elle se plaît sur les terres fortes, compactes, humides et argileuses, sur lesquelles on aura eu soin de répandre des fumiers substantiels, onctueux, abondants en principes végétatifs; l'expérience a démontré que les tourteaux de colza délayés dans l'urine et répandus comme engrais liquide sur le terrain, produisaient le meilleur effet en rehaussant la fertilité du sol et en activant la végétation de la plante. Il existe deux variétés de colza, l'une d'hiver, ou autrement dite de saison, l'autre de printemps, ou de mars. Le semis du colza d'hiver se fait sur la fin de l'été. Lorsque la plante est levée à une hauteur de 6 ou 7 pouces, on la transplante dans le courant de septembre ou octobre, sur le terrain qu'on lui destine. Cette opération a besoin du concours de plusieurs personnes; l'une pour faire, au moyen d'un plantoir, les trous qui doivent recevoir la plante, les autres pour l'y placer.

§ 3.

De la Cameline ou Camomille.

La culture de cette plante n'est point à dédaigner par les cultivateurs, parce qu'elle est susceptible de leur procurer des produits d'autant plus avantageux, qu'elle n'occupe le sol que fort peu de temps. En effet, il lui suffit souvent d'une période de trois mois pour parvenir à sa maturité.

Cette plante se plaît sur tous les terrains, même sur des sols médiocres, où on la fait fructifier avantageusement; mais, comme pour toutes les autres plantes, il est indispensable qu'ils soient convenablement ameublis par des labours et améliorés par des engrais. Sa culture, dans le nord de la France, ne remonte pas à plus de 30 ans; mais depuis lors, elle y a pris, d'année en année, plus d'extension, et elle paraît devoir en prendre encore davantage, par la ressource qu'elle offre au cultivateur de pouvoir, avec elle, remplacer les récoltes que la gelée ou l'intempérie de l'hiver a pu faire manquer. Sous ce rapport elle est précieuse et peut, comme l'œillette, être utilisée pour remplacer les jachères, puisqu'avec elle le cultivateur trouvera un produit certain là où le froment et le lin ne lui en donneraient aucun par suite des atteintes d'un hiver rigoureux. Ainsi, soit comme récolte secondaire, soit comme récolte supplétive de celles qui ont pu manquer, soit enfin comme produit lucratif, la camomille ne peut être qu'avantageuse et profitable aux cultivateurs qui ont le bon esprit de la cultiver. Toutefois, nous ne devons pas omettre de faire observer que cette plante est éminemment épuisante.

§ 4.

Du Lin.

La culture du lin est en honneur parmi les cultivateurs du nord de la France; elle est pour eux une source abondante de richesses. Cette plante exige pour pouvoir prospérer un sol fertile, substantiel et frais, bien fumé, bien défoncé, ameubli et nettoyé par de bons labours et dont la surface soit bien aplanie et égalisée à l'aide de la herse et du rouloir. On obtient cependant aussi de bonnes récoltes sur des terres légères et froides, mais il est indispensable qu'elles soient préalablement préparées par de profonds labours et surtout stimulées par des fumiers fertilisants et bien consommés.

Les semis du lin se font au printemps, il faut avoir soin de choisir, pour cette opération, un temps sec et doux, parce que trop d'humidité lui serait défavorable.

Le lin qui se sème en mars et qui porte le nom de lin de mars, est généralement celui qui donne le plus de chance de réussite et qui est le plus beau.

Le lin de mai se sème dans les terres froides et humides qui n'ont pu être séchées et rendues pulvérulantes avant le mois d'avril. Il faut avoir grand soin de changer la semence chaque année, car la graine est très sujette à dégénérer. Dans l'assolement triennal, il faut éviter de semer du lin dans la même terre plus souvent que tous les six ans.

Le lin réussit souvent à merveille sur un terrain où l'auront précédé la pomme de terre, la betterave, le chanvre, le trèfle, et autres plantes qui, par leur nature, ont la propriété de détruire les racines et les mauvaises herbes qui nuisent au lin, comme aussi d'améliorer le sol, non seulement au moyen des labours, sarclages et autres travaux aratoires qu'elles nécessitent, mais encore par des résidus fertilisants qu'elles y abandonnent en le quittant. Cette plante prélude aussi, de la manière la plus favorable, à la culture du froment ou de toute autre céréale.

C'est une pratique contraire aux principes d'une bonne culture, que de faire succéder plusieurs récoltes successives de lin sur le même terrain. Ce serait s'exposer à appauvrir le sol et le rendre infertile ; tandis qu'il est sans inconvénient d'alterner cette culture avec d'autres plantes d'une nature moins épuisante. Il est indispensable, lorsque le lin est levé, de pratiquer plusieurs sarclages pour purger le terrain des herbes parasites qui sont très nuisibles à la plante et peuvent porter le plus grand préjudice à son développement et à sa végétation.

Lorsque le lin est parvenu à sa maturité, on l'arrache de la terre et on réunit les brins par poignée, que l'on couche sur le sol pour les faire sécher. Si la saison est favorable, une quinzaine de jours suffisent ordinairement pour opérer la dessiccation.

On retire de la graine de cette plante une huile qui est employée à la peinture. Quant à sa tige, elle fournit une filasse douce et luisante avec laquelle on fabrique des toiles fort estimées et d'une grande valeur. Il s'en fait, dans le nord de la France, un commerce considérable.

§.

Du Chanvre.

La culture du chanvre a beaucoup de similitude et d'analogie avec celle du lin. Comme lui, elle exige et réclame, de la part du cultivateur, la même attention, les mêmes soins, et les mêmes travaux. L'une et l'autre de ces plantes sont également d'un bon produit.

Cette plante, qui prospère avantageusement dans les sols fertiles du nord de la France, ne doit être confiée qu'aux terres fortes et substantielles, riches en principes végétatifs, que l'industrie du cultivateur doit encore rehausser au moyen d'engrais onctueux et abondants en sucs nourriciers. Des labours profonds sont de rigueur pour faciliter à la racine pivotante de la tige le moyen de pouvoir bien pénétrer et s'enfoncer dans la terre pour y puiser les principes alimentaires qui lui sont nécessaires. Les autres travaux aratoires, tels que les hersages et roulages, ne doivent point non plus être négligés, et il convient de les effectuer de manière à donner au terrain une surface plane, unie et bien égalisée. Après ces travaux préliminaires, on procède à l'opération de la semaille, qui se fait ordinairement dans le courant de mai et peut même se retarder jusqu'au mois de juin. Toutefois, il importe de choisir, autant que possible, un temps pluvieux ou humide, susceptible d'accélérer la germination. Ce soin n'est point indifférent, la prompte levée de la plante devant influer puissamment sur le résultat de sa croissance et de son développement.

Après l'ensemencement, il est utile de faire passer légèrement la herse sur le champ pour recouvrir seulement la semence, cette sorte de graine ne demandant pas à être beaucoup enterrée. On fait immédiatement succéder à cette opération, celle du rouloir, pour raffermir le terrain, y maintenir la graine et hâter sa germination.

Le chanvre réclame aussi, comme les autres plantes à racines pivotantes, des sarclages, dont l'utilité est indispensable pour l'extirpation des herbes qui peuvent lui nuire, notamment le liseron, qui peut lui faire le plus grand tort par sa disposition naturelle à s'entortiller autour de ses tiges. Le mode qu'on emploie pour arracher le chanvre et le faire sécher, est absolument le même que celui dont on se sert pour le lin. On fait un emploi avantageux de l'huile de chanvre aux arts et à l'industrie, et la filasse qu'on retire de sa tige, sert à fabriquer les cordages nécessaires à la marine et à divers usages économiques. On ne saurait donc, sous le double rapport du commerce et de l'agriculture, trop encourager l'extension de cette plante éminemment utile.

CHAPITRE 6.

DE LA CULTURE DES PRINCIPALES PLANTES FOURRAGÈRES ET LÉGUMINEUSES.

§ 1er

De la Pomme de Terre.

La pomme de terre est une plante dont l'utilité est si importante dans l'économie domestique, qu'on peut la considérer comme l'une des plus précieuses que la nature produit. Sur la table du riche comme sur celle du pauvre, elle fournit tout à la fois un mets agréable, substantiel, sain et nourrissant. Considérée également comme aliment des bestiaux, elle ne rend pas de moins grands services au cultivateur, en lui donnant les moyens de fournir aux animaux domestiques qui sont attachés à l'économie rurale, une nourriture profitable, que tous recherchent avec plaisir. Ce précieux tubercule n'est pas difficile sur le choix du terrain, toutes les espèces de terre paraissent lui convenir, en exceptant toute fois celles qui sont compactes, froides et aqueuses. Cependant, il prospère plus favorablement et avec plus de succès sur les sols légers et pierreux, qu'il affectionne particulièrement et où il puise un goût plus savoureux et une substance plus farineuse que dans tout autre terrain. Il est bien entendu, toutefois, que ses produits ne répondront à l'attente du cultivateur, qu'autant que celui-ci n'aura pas négligé d'exécuter les travaux aratoires, inséparables de toute bonne culture. C'est assez dire que des labours devront être effectués, de manière à bien défoncer le terrain, à le rendre bien léger, bien friable, et bien net, et que l'on ne devra pas négliger de le mettre en état, par des engrais convenables et bien préparés, de pouvoir fournir à la plante les sucs nourriciers dont elle a besoin. Les feuilles de la tige étant fort tendres et sensibles à la gelée, il importe, pour les soustraire aux atteintes des dernières giboulées printanières, de ne se livrer à la plantation de la pomme de terre que dans le courant du mois d'avril, c'est à dire, lorsque l'on n'a plus à craindre l'effet des dernières influences de l'hiver. Le mode le plus usité pour cette plantation, consiste à couper les grosses pommes de terre en plusieurs morceaux et à les placer dans le fond des rayons du binot, en laissant environ un espace de deux pieds entre les lignes, on recouvre ensuite le tout avec la herse. On procède ultérieurement, quand la plante est levée, aux sarclages nécessaires pour maintenir le terrain dans un état d'ameublissement et de netteté le plus convenable au succès de la végétation.

§ 2.

De la Betterave.

La culture de la betterave a pris, depuis quelques années, la plus grande extension, à cause de la propriété particulière à cette plante de produire un sucre qui rivalise avec celui des Antilles. De nombreux établissements se sont rapidement élevés pour la fabrication du sucre indigène, ce qui a donné une nouvelle importance à la betterave. On ne saurait mieux en faire l'éloge qu'en disant que sa renommée est maintenant européenne, sous le double rapport des immenses services qu'elle rend à l'industrie et de son utilité à l'agriculture.

La betterave exige, pour prospérer, une terre forte et substantielle, mais il faut, par-dessus tout, que le sol soit profondément défoncé par les labours et soumis à des travaux de nature à la mettre dans un état de netteté et d'ameublissement qui ne laisse rien à désirer. Il faut aussi que des engrais onctueux et abondants en principes fécondateurs, aient été convenablement épars sur le terrain, pour donner plus de vigueur et d'énergie à la végétation de la plante. L'expérience et les faits démontrent que la racine de la betterave a, par sa forme pivotante, la propriété de pénétrer profondément le sol ; par conséquent, de le diviser et de l'ameublir, ce qui produit, par équipollence, les effets du labourage. La terre, à laquelle on confie la betterave, se trouve donc pour ainsi dire labourée d'elle-même après les opérations que nécessitent son sarclage et son extraction du sol, au moyen de la bêche, à l'époque de sa maturité ; il n'y a, dès lors, que peu de choses à faire avec la charrue pour assurer le succès de la production qui doit lui succéder, il faut donc reconnaître qu'on trouvera évidemment économie de travaux, et de temps et par cela même, économie de dépenses et de frais sur les opérations préparatoires que nécessitera la récolte du végétal qu'on lui substituera. Si c'est le froment, cette graminée qui exige particulièrement un sol bien ameubli, bien défoncé et dans un état de netteté parfaite, trouvera la terre de la betterave entièrement propice à sa végétation ; elle se plaira sur un semblable terrain , et la récolte heureuse qu'elle offrira au cultivateur, ne laissera aucune incertitude sur la réalité de l'amélioration dont la betterave aura été la principale cause. Les utiles services que la betterave rend à l'agriculture, ne se bornent point encore là; on sait, en effet, que l'exploitation d'un cultivateur impose des besoins auxquels il doit toujours pourvoir avec exactitude. Or, la nourriture des bestiaux qui, sans contredit, peut être rangée parmi le premier de ces besoins, devient quelquefois, dans des années peu fertiles, un objet de difficulté et d'embarras par la rareté et le manque, ou la cherté des fourrages. Cette pénurie et ces inconvénients ne sont point à craindre avec la betterave, les produits de sa récolte viendront toujours au secours des fermiers, et leur fourniront sous ce rapport des ressources certaines; ils trouveront en effet dans cette racine un aliment suffisant, pour nourrir en hiver la quantité de bestiaux dont leur exploitation exigera l'entretien. Cela leur sera d'autant plus facile que tous aiment cette racine et la mangent avec plaisir. La graine de la betterave se sème dans le courant du mois de mai, à l'aide d'un semoir qui la dissémine sur le terrain, à des distances égales.

§ 3.

Des fèveroles ou Warats.

La fèverole ou fève des champs, est une plante qui fournit un fourrage estimé, que les cultivateurs du Nord de la France désignent sous le nom de warats, et qui est principalement employé par eux pour la nourriture et la subsistance de leurs chevaux. Cette plante, à tige élevée et à racine pivotante, aime de préférence les terres fortes et argileuses : surtout celles qui sont meubles et fraîches, et que l'on a pris soin de purger des herbes nuisibles. Elle possède, comme la betterave, la propriété de bien défoncer, ameublir et améliorer la terre, et par conséquent de la préparer de la manière la plus favorable au succès de la culture des plantes céréales.

6.

Cette vertu améliorante avait été reconnue par Olivier de Serres. « Les fèves, a dit ce savant agronome, engraissent aussi les terres où elles ont été » semées ou recueillies, y laissent quelque vertu » agréable aux froments qu'on y sème après » ; la pratique et l'expérience confirment en effet chaque jour cette opinion du patriarche de notre agriculture. Après avoir préalablement bien disposé le terrain par des binotages et des hersages effectués avant l'hiver, et réitérés au printems, on sème la graine de fèverole au moyen d'un semoir dans les lignes ou rayons du binot; puis on y fait de nouveau passer la herse et le rouloir, pour égaliser la terre et recouvrir la semence. Le semis en ligne a l'avantage de procurer une récolte de moitié plus abondante que celle que l'on retire de l'ensemencement à la volée. Les warats sont aussi le meilleur et le plus riche produit que le cultivateur puisse espérer de recueillir sur un défrichement de prairies artificielles; mais si l'on veut trouver dans ce fourrage la qualité la plus favorable à la nourriture des bestiaux, il faut avoir soin de le couper avant qu'il ait atteint son entière maturité.

§ 4.

De la Vesce.

La vesce est une plante dont l'utilité est reconnue par les cultivateurs qui trouvent dans sa culture l'avantage de se procurer pour leurs bestiaux un four_ rage agréable et très nourrissant qu'ils aiment également vert ou sec. Lorsqu'il leur est servi dans l'état de dessiccation, il les engraisse et les fortifie beaucoup plus ; mais nous devons faire remarquer que pour parvenir à sa complète maturité, ce végétal épuise davantage la terre, parce que c'est alors qu'il y puise avec plus d'intensité, et qu'il absorbe avec plus d'abondance les sucs nourriciers que le sol renferme. Toutefois on peut le ranger au nombre des plantes qui sont de nature à remplacer les jachères, en préparant favorablement le terrain à la fructification des céréales.

Le mois de mars est ordinairement celui que l'on

consacre à l'ensemencement de la vesce; mais on peut encore en semer en mai, ce qui est très avantageux pour les cultivateurs, dont la récolte en trèfle et en luzerne a pu être peu abondante. Ils peuvent alors trouver dans cette plante un supplément à ce qui peut leur manquer en fourrages d'autres espèces pour l'alimentation de leurs bestiaux. C'est une ressource précieuse qui n'est point à dédaigner.

Quant à la méthode de l'ensemencement, elle est absolument la même que celle que nous avons indiquée pour les warats, c'est-à-dire, le semis en rayons et en lignes, au moyen du semoir; cette pratique est préférable à tout autre, en ce que cette culture est non seulement plus hâtive et procure plus de produits, mais offre aussi une plus grande économie de semence, de main-d'œuvre et de temps.

La culture de la vesce en mélange avec le seigle donne aussi un fourrage excellent et abondant justement estimé des cultivateurs du nord de la France où il est plus particulièrement connu et désigné sous le nom d'hivernache.

CHAPITRE 7.

DE LA CULTURE DES PRAIRIES ARTIFICIELLES.

§ 1er.

Aperçu sur les prairies artificielles en général.

L'utilité des fourrages que les prairies artificielles fournissent pour la nourriture des bestiaux attachés à l'économie rurale, est incontestable. Elles sont aussi l'une des principales bases de l'agriculture. Sous ces points de vue elles sont d'une telle importance pour le cultivateur, qu'elles réclament toute son attention. Il a besoin d'engrais pour féconder ses champs et leur restituer les sucs absorbés par la production des plantes; mais comment pourrait-il se les procurer sans bestiaux? Or, dans quelle fâcheuse position ne se trouverait-il pas, si, par l'intempérie des saisons ou par tout autre événement il se trouvait dans l'impossibilité de pouvoir les nourrir, par le manque de foin ou des autres fourrages nécessaires à leur alimentation. Les prairies artificielles viennent alors à son secours. Ce n'est point le seul avantage qu'elles lui procurent, elles contribuent aussi à la fertilisation de ses champs, par la vertu qu'elles ont d'améliorer les terres, de les nettoyer, de les ameublir, et de les préparer favorablement au succès d'une bonne récolte. Tels sont en effet les principaux résultats satisfaisants qu'on peut espérer d'obtenir des prairies artificielles, en les intercalant avec prudence et discernement dans les différents assolements.

§ 2.

Du Trèfle.

Le trèfle est une des plantes que l'on peut employer avec le plus d'utilité et le plus d'avantages pour remplacer les jachères par les propriétés qu'elle a de préparer favorablement le sol à la production du froment et des autres céréales. La facile intercalation dans les assolements lui donne beaucoup de prix et la rend infiniment précieuse; aussi sa culture est-elle justement appréciée par les cultivateurs, notamment dans le Nord de la France où elle est très multipliée. Ce fourrage est en effet d'une ressource précieuse par sa végétation hâtive et précoce, qui donne la facilité de le récolter avant tous les autres, pour servir à l'alimentation des bestiaux.

Cette plante croît avec succès sur les terrains froids et argileux , parce qu'elle aime la fraîcheur et l'humidité. Ce n'est point à dire qu'elle ne puisse pour cela prospérer sur les terres légères et même sablonneuses, pourvu que le fond de celle-ci ne soit pas trop brûlant ni trop desséché; mais il est nécessaire que des amendements et des engrais convenables, joints à des labours profonds et soignés, soient sagement administrés en temps opportun et viennent concourir par leur action simultanée à la fertilité et au succès de cette plante.

Le printemps est l'époque ordinaire de l'ensemencement du trèfle ; on le sème aussi quelquefois en automne, mais cela arrive plus rarement. Quoi qu'il en soit, dans l'un comme dans l'autre cas, on retire de grands avantages en le mêlant avec le blé, l'orge ou l'avoine , ou en le semant sur des terrains déjà emblavés de ces différentes céréales. C'est une méthode qui est avantageuse par les bons effets que cette plante exerce sur les productions. Le moment le plus favorable pour faucher le trèfle, est lorsqu'il se trouve dans un état de floraison complète.

Pour démontrer l'heureuse influence que la culture du trèfle exerce sur l'accroissement du produit des céréales, qui sont destinées à lui succéder sur le sol, il suffit de rappeler ce proverbe : belle récolte de trèfle assure belle récolte de blé.

Il est assez d'usage de renfouir le trèfle la seconde année, parce que quoique cette plante soit améliorante, la terre semble se refuser à la porter trop souvent, et il convient même de laisser un intervalle de trois ans, avant d'en resemer dans le même terrain.

La Variété, nommée trèfle incarnat ou trèfle anglais, commence à être connue et appréciée dans le Nord de la France. Sa culture est très avantageuse, sa récolte très hâtive, et la seule coupe que l'on en obtient donne un fourrage singulièrement abondant. On fauche en été celui que l'on sème au printemps, et l'on coupe dans cette dernière saison, celui dont la graine a été répandue sur le chaume en antomne. Ce végétal se plaît sur les sols légers. Il lui suffit d'un labour superficiel dans les terrains fermes, et peut même s'en dispenser, lorsqu'on le confie après la moisson, à une terre bien ameublie, en ayant soin toutefois de l'enterrer en faisant passer la herse deux ou trois fois.

§ 3.

Du Sainfoin.

La variété du sainfoin, qui est le plus généralement cultivée dans le Nord de la France, est celle qui est connue sous le nom de sainfoin chaud. Cette plante, comme le trèfle, offre des avantages précieux aux cultivateurs par la bonté, l'abondance et la précocité de son fourrage, et par l'aisance qu'elle donne à pouvoir remplacer utilement la jachère, en opérant une notable amélioration sur les sols ingrats où on l'intercale avec le seigle, l'orge et la pomme de terre. Il est démontré que des terrains rebelles et improductifs, qui n'étaient susceptibles de produire que du seigle, sont devenus après une récolte de sainfoin les sols les plus propices au succès de la production du froment. Cette vérité est confirmée par les assertions de la plupart des agronomes. Toutefois nous nous contenterons de rapporter l'opinion d'Olivier de Serres et de Duhamel, ces grands maîtres en agriculture qui toujours parlaient par expérience. Le premier nous apprend que le sainfoin vient gaîment en terre maigre et y laisse certaine vertu engraissante à l'utilité des blés qui ensuite y sont semés ; l'autre affirme qu'il s'accomode de toute sorte de terrain, à l'exception des terres marécageuses, et qu'un des avantages qu'on en retire est qu'il met la terre en état de produire ensuite du froment et du seigle. La facilité que possède le sainfoin de fructifier avec succés pendant plusieurs années consécutives sur les sols arides, est principalement dûe à la nature de sa racine qui, par sa constitution, est disposée à s'étendre et à s'élargir entre deux terres, plutôt que de pénétrer directement dans le sol, comme celle de la luzerne qui est plus pivotante; il est donc avantageux de se livrer à la culture du sainfoin, puisqu'il donne les moyens d'utiliser plusieurs années de suite des terrains ingrats, et par conséquent défavorables à la production des céréales. Voici la méthode à suivre pour cette culture : pratiquer sur la terre destinée au sainfoin des labours et travaux aratoires nécessaires pour bien défoncer le terrain; ameublir la terre au moyen de la herse et du cylindre; enfin semer en avril ou en mai, la graine de sainfoin sur avoine, trèfle, orge ou blé de mars.

§ 4.

De la Luzerne.

La luzerne est une plante qui a tellement d'analogie avec le sainfoin qu'on la confond souvent avec lui; il y a parfaite similitude entre l'une et l'autre de ces plantes. Toutefois la tige de la luzerne est plus haute que celle du sainfoin. Ces deux plantes sont d'une végétation hâtive et accélérée, et toutes deux procurent avec abondance un excellent fourrage pour la nourriture des bestiaux; mais les mêmes terrains ne leur conviennent pas. La luzerne est plus difficile que le sainfoin. Elle ne se plaît pas comme lui sur toutes sortes de terrains; au contraire elle exige, à cause de la longueur de sa racine pivotante, des sols fertiles, bien défoncés et ameublis par des labours profonds. Quant à la méthode à suivre pour sa culture, elle est exactement la même que pour le sainfoin.

§ 5.

De la Lupuline.

La lupuline que les cultivateurs du Nord de la France désignent sous le nom de Minette, est une plante bisannuelle destinée à servir de fourrage aux bestiaux et principalement aux moutons. Elle a sur la luzerne l'avantage d'offrir moins de danger pour l'enflure aux animaux qui en font usage. Elle vient facilement sur les terrains pierreux et se plaît sur les sols argileux marneux; la lupuline se sème comme le trèfle au printemps avec les avoines, les orges et autres graminées. On peut le récolter deux ou trois années de suite.

§ 6.

De la Pimprenelle.

La pimprenelle est une plante qui fournit aux cultivateurs un fourrage que les bœufs et les vaches mangent avec plaisir et dont les moutons sont surtout fort friands. Elle est peu cultivée dans le Nord de la France, parce qu'elle y est peu connue. Elle a cependant des droits à l'attention des agronomes de ces contrées à cause des avantages qu'elle leur présente dans l'emploi qu'ils peuvent en faire pour nourrir leurs bestiaux. Cette plante a non seulement le mérite de prospérer sur les sols ingrats et arides où l'on essaierait sans succès de cultiver la luzerne et le sain-foin, mais encore d'offrir' aux bestiaux pendant les étés les plus secs, un fourrage frais et succulent par la propriété qu'elle possède de pouvoir résister aux fortes chaleurs. On voit en effet ses feuilles conserver encore toute leur verdure alors même que la plupart des autres plantes languissent desséchées par les ardeurs du soleil. L'introduction de cette plante dans la culture de ces contrées serait une innovation heureuse qui ne pourrait produire que des résultats satisfaisants ; elle est digne en effet de prendre rang parmi les autres fourrages, car on ne peut se dissimuler qu'elle est susceptible de rendre de grands services et d'être d'un utile secours aux cultivateurs. Elle commence à être justement appréciée dans le département de la Somme où sa culture a été essayée et suivie avec succès. Elle y prendra indubitablement plus d'extension à mesure que le temps et l'expérience viendront attester ses bons effets et ses précieuses qualités.

CHAPITRE 8.

DE LA CULTURE DES PRAIRIES NATURELLES ET DES SOINS QU'ELLES EXIGENT.

Le nom de prairies naturelles emporte avec u sa définition. C'est celui que l'on donne aux terrains où l'herbe croit naturellement pour servir de pâture et de nourriture aux bestiaux.

On distingue plusieurs sortes de prairies naturelles dont chacune, selon sa nature, demande et exige une culture et des soins particuliers. Les principales sont les prairies grasses, c'est-à-dire, celles qui sont soumises à l'irrigation, et les prairies sèches, c'est-à-dire, les prés qui forment les manoirs et vergers.

§ 1er.

Des prairies grasses.

Il en est des prairies comme des terres labourables, tous les efforts du cultivateur doivent avoir pour objet de retirer de sa culture le plus de produits possibles et en meilleure qualité possible, pour cela il ne doit négliger aucun des travaux et des soins dont ses prairies sont susceptibles suivant leur nature, pour les entretenir et les maintenir dans le plus parfait état d'amélioration et de conservation. D'un autre côté, la prospérité des bestiaux dépend principalement de la qualité des herbages et des fourrages dont elles se nourrissent. Il importe donc de purger avec soin les prairies des herbes et plantes nuisibles qui peuvent exposer les animaux domestiques à des maladies. Le principal moyen d'extirpation des mauvaises herbes consiste à les arracher, mais quand on n'y peut parvenir entièrement, on fait périr celles qui restent en faisant faucher au printems la partie où elles croissent et en y faisant un semis de cendres.

Quant aux autres travaux et soins que réclament les prairies grasses, voici principalement en quoi ils consistent :

1° Pratiquer pendant le printemps et dans les temps de sécheresse les travaux d'irrigation nécessaires pour activer la végétation des herbes. Cette opération doit être faite avec prudence et de manière à ce que les prairies ne conservent que l'humidité dont elles ont strictement besoin. Un trop long séjour des eaux leur serait nuisible et altérerait non seulement la qualité du foin, mais encore rendrait les prairies marécageuses et les peuplerait de joncs et de roseaux, inconvénient fâcheux et préjudice grave qu'il importe surtout d'éviter.

2°. Ne pas laisser les bestiaux dans les prairies lorsque les intempéries de l'automne ont ramolli le sol pour éviter que par la pression de leurs pieds, ils n'y forment des trous et ne renfouissent les plantes dans la terre.

3°. Curer dans la même saison les fossés et les rigoles d'irrigation et réparer avec soin les avaries en temps utile afin de rendre les infiltrations plus faciles, et donner aux eaux l'écoulement nécessaire pour éviter des immersions trop prolongées et par conséquent nuisibles.

4°. Faire la coupe des foins à l'époque de la floraison des plantes afin de conserver à la tige et aux feuilles leur mucilage, c'est-à-dire la partie la plus nourrissante. Cette pratique a d'ailleurs l'avantage de procurer au fourrage un parfum et une qualité qu'ils n'auraient pas si la fauchaison avait lieu plus tard et d'augmenter le produit des regains.

5°. N'engranger les foins que lorsqu'ils sont parfaitement secs et ne les servir aux bestiaux qu'un mois ou deux après la récolte, pour ne pas les ex-

7.

poser aux dangers des maladies inflammatoires que
pourrait leur occasionner le fourrage qui, selon l'expression des cultivateurs, n'aurait pas été suffisamment ressué.

§ 2.

Des prairies sèches.

Les prairies naturelles que l'on désigne sous le
nom de prairies sèches, sont celles où l'herbe ne
s'élève pas à une hauteur suffisante pour pouvoir
être fauchée. Elles ne sont donc utiles qu'à faire pâturer les bestiaux, c'est le seul parti que l'on puisse
en tirer.

Ce serait une erreur de penser que l'on doit laisser ces espèces de prairies sans culture et les aban-
donner pour ainsi dire à la nature. Leur conservation
exige aussi des travaux et des soins. Voici ceux que
l'usage indique comme susceptibles d'améliorer leurs
produits :

1°. Pratiquer avec soin l'extirpation des plantes
malfaisantes pour conserver au fourrage une qualité
qui ne soit pas de nature à porter le désordre dans

l'économie animale des bestiaux. Ne pas négliger de regarnir les vides résultant de cette opération, en y répandant de la semence au printemps et un peu de fumier pour empêcher la reproduction des plantes arrachées.

2°. Lorsque le sol est appauvri on doit ranimer sa vigueur et entretenir sa fertilité en le recouvrant d'un demi pouce environ de bonne terre végétale sur laquelle on fera passer la herse et le rouloir pour briser les mottes.

3°. Un soin qui n'est pas à négliger c'est de regarnir les parties dénudées d'un pré et les endroits où l'herbe se trouve trop éclaircie, en y semant des graines de trèfle, de luzerne et de foin ramassées dans les greniers. On peut même opérer cette pratique sur toute l'étendue des prés pour augmenter la masse de leurs produits. On révivifie un pré qui vieillit en le renversant avec la bêche ou la pioche, ou même avec la charrue. On se sert aussi avec avantage, pour cette opération, du rouleau coupant dont l'usage nous vient des Anglais.

§ 3.

De la destruction des taupinières et des herbes parasites.

La taupe est le plus grand ennemi des prairies naturelles par les dégats qu'elles y occasionnent en creusant la terre et en y formant des espèces de buttes ou monticules, qui apportent des obstacles à l'opération de la fauchaison. Les herbes parasites ne leur sont pas moins préjudiciables, notamment la mousse et les plantes à racine pivotante. Il importe donc au cultivateur de mettre tous ses soins à débarrasser ses prairies de tous ces hôtes aussi incommodes que nuisibles.

L'étaupinage se fait ordinairement dans la saison du printemps. Cette opération consiste à enlever avec la houe le dessus des taupinières, et à recouvrir les trous au printemps suivant, en ayant soin de rouler le terrain pour en faire disparaître les inégalités. Mais on obtient des résultats plus satisfaisants et surtout beaucoup plus économiques en main-d'œuvre et en temps, de l'usage d'un instrument en forme de herse, que l'on traîne sur les prairies avec des chevaux, et au moyen·duquel on aplanit toutes les buttes ou monticules produites par le travail des taupes.

Les inconvénients de la mousse sont d'appauvrir l'herbe des prairies, de nuire à sa végétation et de la rendre chétive. C'est une des principales sources de leur dépérissement. Il faut donc faire tous ses efforts pour en opérer la destruction. On y procède avec succès, en se servant d'un rateau ou d'une herse à dents de fer rapprochées les unes des autres. Cette opération se pratique ordinairement pendant le temps de la morte saison.

Quant aux plantes à racine pivotante, on se sert pour les extirper, d'une espèce de petite bêche, au moyen de laquelle on opère leur extraction.

§ 4.

De l'amendement des prairies naturelles.

Le moyen le plus efficace de fertiliser les prairies naturelles est comme pour les terres, d'y répandre des engrais et des amendements. Un objet important pour le cultivateur est d'avoir des prairies riches en pâturages, afin de pouvoir élever une plus grande quantité de bestiaux. D'ailleurs, la prospérité des animaux domestiques est essentiellement liée à la quantité du fourrage qui sert à leur alimentation; or, nul doute qu'il sera toujours plus abondant, plus nutritif et plus succulent dans les prairies enrichies de bonnes fumures, et qui auront reçu des amendemnts justement appropriés à leur nature.

Tous les engrais et amendements employés pour les terres, sont également applicables aux prairies, et y opèrent les mêmes effets, qui sont d'y déposer des sucs nourriciers, d'activer la végétation, et d'imprimer au terrain plus de vigueur, d'énergie et de fertilité. On obtient de bons résultats de l'emploi des fumiers de la marne, de la chaux et des cendres de tourbe, de lessive et de houille, en ayant soin de les approprier à la nature des sols sur lesquels on se propose de les utiliser. Le limon, que les irrigations déposent sur les prairies est aussi un amendement qui leur est très favorable.

Les engrais ont aussi la propriété de contribuer

à la destruction de la mousse, et sous ce rapport, il est du plus grand intérêt pour le cultivateur de ne pas négliger de les répandre sur les prairies pour les assainir et améliorer leurs produits.

CHAPITRE 9.

Du soin des animaux domestiques attachés à l'économie rurale.

Les animaux domestiques attachés à l'économie rurale sont, pour ainsi dire, l'une des principales colonnes de l'agriculture. C'est la force motrice des exploitations agricoles. Auxiliaires nécessaires et indispensables de l'agronome, il n'est point sans eux de culture possible. Les services qu'ils rendent au cultivateur contribuent puissamment à féconder ses champs, multiplier ses produits, et par conséquent à augmenter son bien-être. Ils doivent donc être sans cesse l'objet de tous ses soins, de sa surveillance et de sa sollicitude, puisqu'ils sont pour lui une source de richesse et de prospérité.

Un fait incontestable en économie rurale, c'est que la santé, la vigueur et la bonne constitution des animaux domestiques, sont essentiellement liées à la nature et à la qualité de leur régime alimentaire. La nourriture doit toujours être saine et dans le meilleur état de conservation. La quantité des alimens doit aussi être sagement proportionnée à l'âge, à l'espèce et à la constitution des animaux. Il convient de satisfaire leur appétit sans surcharger leur estomac outre mesure, pour éviter de produire chez eux le dégoût et la satiété, et surtout pour prévenir les indigestions qui en seraient les résultats. La distribution des alimens doit donc être faite sans prodigalité, comme sans parsimonie, à des heures fixes et bien réglées. Une abstinence trop prolongée porterait les animaux à se jeter avec tant de précipitation sur leurs provisions, que l'avidité avec laquelle ils mangeraient, nuirait au travail de la digestion et les incommoderait. Les fourrages peuvent être servis verts ou secs, ils profitent également bien aux bestiaux dans l'un comme dans l'autre état, pourvu qu'ils soient de bonne qualité et aient été récoltés pendant un temps favorable. Il faut avoir soin de ne pas vouloir surmonter leur répugnance pour une nourriture altérée par le temps ou imprégnée de poussière. On aiguise l'appétit des bestiaux en apportant de la variété et du changement dans l'espèce des alimens qu'on leur distribue. Une méthode utile consiste aussi à alterner pendant l'hiver, les fourrages secs avec les végétaux à racines charnues : tels que la betterave, le navet, la carotte, la pomme de terre et autres du même genre. La transition du fourrage sec au fourrage vert, ne doit pas être brusque, mais avoir lieu par degrés, parce que la nature du fourrage n'étant pas la même dans l'un ou dans l'autre état, il importe de disposer insensiblement les animaux à supporter les effets du changement de nourriture. On y parvient en ajoutant chaque jour au fourrage sec une portion d'herbe nouvelle, fraîchement recueillie. Le retour au régime d'hiver exige pareillement des précautions qui consistent à servir aux bestiaux des sons farineux légèrement humectés. On doit préférer, parmi les fourrages verts, le trèfle, le sainfoin, la luzerne, l'escourgeon et le seigle, mais il faut se garder de les donner mouillés ou dans un état d'humidité et de fermentation. On ne doit pas non plus laisser les troupeaux pâturer l'herbe imprégnée de rosée ou de pluie. Enfin, lorsque les animaux se livrent à un travail pénible, assidu et prolongé, il convient de leur donner une nourriture plus forte; c'est en effet un principe généralement admis, que leur ration doit être augmentée en proportion des services et des travaux que l'on veut obtenir d'eux. Telles sont les principales indications à remplir dans le régime alimentaire à suivre pour conserver et maintenir la santé et le bon état des bestiaux.

La boisson des animaux doit aussi être l'objet d'une attention particulière de la part du cultivateur. On ne doit leur servir que des eaux pures et limpides. Les eaux fangeuses, corrompues ou croupissantes, sont insalubres et nuisibles. Leur usage offre de graves dangers en disposant les bestiaux à contracter des obstructions et des maladies. Les eaux provenant de la fonte des neiges ne sont pas non plus sans inconvénient. C'est une méthode vicieuse de conduire les bestiaux à l'abreuvoir quand ils sont échauffés par le travail et surtout lorsqu'ils se trouvent en état de transpiration. Il n'est pas moins dangereux de leur donner à boire des eaux froides ou trop crues, et de les abreuver aux sources mêmes. Enfin, il convient en tous temps, de ne donner que l'eau nécessaire pour désaltérer les bestiaux, sans les laisser se gorger d'une trop grande quantité de liquide.

L'habitation des animaux domestiques doit être saine, commode et bien aérée. Leur santé exige que le terrein où ils reposent soit sec et autant que possible élevé. Ils ne doivent point être trop resserrés ni gênés dans leurs mouvements. Il faut se garder de les entasser pour ainsi dire les uns sur les autres pour leur éviter de se nuire réciproquement. Leur logement doit être en proportion de leur nombre pour qu'ils puissent y jouir d'une certaine liberté et y respirer à leur aise et avec facilité. L'air doit être renouvelé fréquemment. Le même air finirait par se corrompre et nécessairement par altérer la santé des animaux. Ceux-ci doivent toujours être tenus dans le meilleur état de propreté possible, il en doit être de même des auges, mangeoires et rateliers destinés à recevoir leurs provisions. Les fumiers doivent être enlevés chaque jour avec soin. Les étables et écuries doivent être nettoyées de manière à ce que les ordures des bestiaux ne puissent, par leur séjour, y établir un foyer de putréfaction. Le repos étant nécessaire aux animaux, il faut éviter soigneusement de les troubler et éloigner d'eux tout ce qui pourrait les chagriner ou les inquiéter. La tranquillité leur est nécessaire pour qu'ils puissent se livrer au repos dont ils ont besoin pour réparer leurs fatigues et leurs forces épuisées par le travail. Il ne faut pas non plus négliger les soins de propreté dont les bestiaux ont besoin chacun suivant son espèce. Il importe donc que les pansements usités soient faits exactement pour d'autant mieux faciliter la circulation du sang et surtout pour prévenir les maladies de la peau.

La première indication à remplir quand un ani-

mal se trouve atteint d'indisposition, c'est de le sé-
parer des autres et de l'isoler dans une étable pour
qu'il puisse y jouir à l'aise du repos qui lui est nécessaire. C'est ensuite de lui administrer les secours
que son état réclame, car il est évident que les maladies les plus simples dans leur principe peuvent
s'aggraver par la négligence et le défaut de soins au
point d'ôter tout espoir de guérison.

En dernière analyse, quoique les animaux domestiques soient en général d'une constitution beaucoup
plus robuste et plus agreste que celle de l'homme,
ils sont néanmoins soumis comme lui à des affections
morbifiques dont la plupart sont dues au défaut de
soins, aux mauvais traitements, et le plus souvent
aux vices du régime alimentaire. Tout propriétaire
attentif doit donc avoir constamment pour règle de
veiller sans cesse à ce que ses préposés ne négligent
rien de ce qui peut contribuer à maintenir la santé
de ses bestiaux. Il suffit, en effet, très souvent, de
quelques précautions hygiéniques pour préserver
les bestiaux d'une foule de maladies.

TABLE DES MATIÈRES.

§ 5.

CHAPITRE 8.

§ 1er.

§ 2.

§ 3.

§ 4.

CHAPITRE 9.

Arras. — Jean Degeorge , imprimeur.

ERRATA.

Page 3o, ligne 6, l'honneur des champs, lisez : *l'homme* des champs.

Page 78, ligne 17, de nature à la mettre, lisez : de nature à *le* mettre.

Page 86, ligne 15, la, lisez : *sa.*

Page 93, ligne 1re, on peut le récolter, lisez : on peut *la* récolter.

Page 94, ligne 18, emporte avec lu, lisez : emporte avec *lui.*